创新型中等职业教育精品教材

数　学

（拓展模块）

主编　广学丽

教·学
资　源

航空工业出版社
北　京

内 容 提 要

本套教材是教育部2009年颁布的《中等职业学校数学教学大纲》中所规定的拓展模块部分。本书主要内容包括：三角公式及应用，椭圆、双曲线、抛物线，概率与统计。教材在每节后配有习题，每章后配有复习题，可帮助学生及时巩固所学知识。

教材同步配备《数学辅导与自测（拓展模块）》，包括“重点与难点辅导”“教材习题解析”“自我检测题”“教材复习题解析”“本章自我检测题”等环节，可供学生学习和训练使用。

本教材立足于中职数学教学实际，突出基础性，同时紧密与现代信息技术相结合，形式灵活，结构合理，可供各类中等职业学校的教师和学生使用。

图书在版编目（CIP）数据

数学 : 拓展模块 / 广学丽主编. -- 北京 : 航空工业出版社, 2015.10（2023.8 重印）
ISBN 978-7-5165-0897-8

Ⅰ. ①数… Ⅱ. ①广… Ⅲ. ①数学课—中等专业学校—教材 Ⅳ. ①G634.601

中国版本图书馆CIP数据核字(2015)第237692号

数学（拓展模块）
Shuxue (Tuozhan Mokuai)

航空工业出版社出版发行
（北京市朝阳区京顺路5号曙光大厦C座四层 100028）
发行部电话：010-85672663 010-85672683

北京京华铭诚工贸有限公司印刷 全国各地新华书店经售
2015年10月第1版 2023年8月第7次印刷
开本：787×1092 1/16 字数：150千字
印张：6.5 定价：24.00元

编者的话

本套教材根据教育部2009年颁布的《中等职业学校数学教学大纲》（以下简称“教学大纲”）精心编写而成。教材严格按照“教学大纲”对课程教学目标的要求，以及对认知要求和技能与能力培养要求的规定，同时紧密结合中等职业学校的教学实际和学生特点，旨在培养学生的创新精神、实践能力和自主学习的能力，提高学生的文化知识水平、职业技能和就业能力，从而为适应社会岗位的全方位要求奠定基础。

本套教材是“教学大纲”所列教学内容结构中的拓展模块。本书主要内容包括：三角公式及应用，椭圆、双曲线、抛物线，概率与统计。完成本书《数学（拓展模块）》内容需要42学时，学时分配可以参照下表：

《数学（拓展模块）》学时分配表

章内容	学时数
第1章　三角公式及应用	18
第2章　椭圆、双曲线、抛物线	14
第3章　概率与统计	10

在编写过程中，本套教材努力体现中等职业教育“以服务为宗旨，以就业为导向”的教学方针，力求做到内容重点突出，浅显易懂，基本概念和原理叙述准确，引用数据、图表材料科学可靠。讲述形式灵活多样，设有“提示”“注意”“想一想”“练一练”等板块，可以拓展知识广度，激发学生的学习兴趣，强化学生的独立思考能力和动手能力。

本套教材知识实用、结构合理、教学适用性强，并同步配备《数学辅导与自测（拓展模块）》以及精美的教学课件（读者可以登录文旌综合教育平台“文旌课堂”（www.wenjingketang.com）下载）等，可供各类中等职业学校的教师和学生使用。

在编写过程中，作者参考了大量的文献资料，在此向原作者表示感谢；同时得到了许多专家、教授的支持和帮助，他们提出了许多宝贵意见，在此致以诚挚的谢意。

为学习贯彻党的二十大精神，提升课程铸魂育人效果，本书专门在扉页“教·学资源”二维码中设计了相应栏目，以引导学生践行社会主义核心价值观，涵养学生奋斗精神、敬业精神、奉献精神、创新精神、工匠精神、法制精神、绿色环保意识等。

由于编者水平有限，书中不妥与疏漏之处在所难免，恳请广大读者批评指正，提出宝贵意见，以便进一步修订和完善。

目　录

第 1 章 三角公式及应用

在生活、生产及科研中，经常需要进行角度或长度的计算．例如，已知 $\cos\alpha$ 的值，求 $\cos 2\alpha$ 的值；又如，已知三角形中两个角的大小和一条边的长，求其他边的长．解决这些问题都需要应用相关的三角公式．

本章主要研究两角和与差的三角函数公式、二倍角的三角函数公式、正弦型函数、正弦定理、余弦定理及其应用．

1.1 两角和与差的三角函数公式

我们知道

$$\cos(30^\circ+60^\circ)=\cos 90^\circ=0,$$

$$\cos 30^\circ+\cos 60^\circ=\frac{1}{2}+\frac{\sqrt{3}}{2},$$

所以

$$\cos(30^\circ+60^\circ)\neq\cos 30^\circ+\cos 60^\circ.$$

由此可知 $\cos(\alpha+\beta)\neq\cos\alpha+\cos\beta$，那么 $\cos\alpha$，$\cos\beta$ 和 $\cos(\alpha+\beta)$ 之间究竟有什么关系呢？

1.1.1 两角和与差的余弦公式

如图 1-1 所示，在直角坐标系中，以 Ox 为始边，分别作角 α，β，角 α 的终边与单位圆相交于点 A，角 β 的终边与单位圆相交于点 B，则点 A 的坐标为 $A(\cos\alpha,\sin\alpha)$，点 B 的坐标为 $B(\cos\beta,\sin\beta)$，于是向量 $\overrightarrow{OA}=(\cos\alpha,\sin\alpha)$，向量 $\overrightarrow{OB}=(\cos\beta,\sin\beta)$，且 $|\overrightarrow{OA}|=1$，$|\overrightarrow{OB}|=1$．

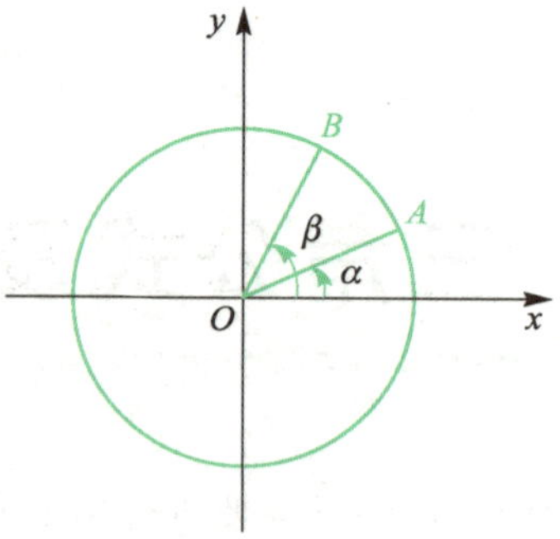

图 1-1

因为

$$\overrightarrow{OA}\cdot\overrightarrow{OB}=|\overrightarrow{OA}|\cdot|\overrightarrow{OB}|\cdot\cos(\alpha-\beta)=\cos(\alpha-\beta),$$

$$\overrightarrow{OA}\cdot\overrightarrow{OB}=\cos\alpha\cdot\cos\beta+\sin\alpha\cdot\sin\beta,$$

所以

$$\cos(\alpha-\beta)=\cos\alpha\cos\beta+\sin\alpha\sin\beta. \qquad (1\text{-}1)$$

此公式给出了任意角 α，β 的正弦、余弦与角 $\alpha-\beta$ 的余弦之间的关系，因此，公式（1-1）称为两角差的余弦公式，简记作 $C_{(\alpha-\beta)}$.

又因为

$$\begin{aligned}\cos(\alpha+\beta)&=\cos[\alpha-(-\beta)]\\&=\cos\alpha\cos(-\beta)+\sin\alpha\sin(-\beta)\\&=\cos\alpha\cos\beta-\sin\alpha\sin\beta,\end{aligned}$$

故

$$\cos(\alpha+\beta)=\cos\alpha\cos\beta-\sin\alpha\sin\beta. \qquad (1\text{-}2)$$

此公式给出了任意角 α，β 的正弦、余弦与角 $\alpha+\beta$ 的余弦之间的关系，因此，公式（1-2）称为两角和的余弦公式，简记作 $C_{(\alpha+\beta)}$.

$C_{(\alpha-\beta)}$ 和 $C_{(\alpha+\beta)}$ 统称为两角和与差的余弦公式，简记作 $C_{(\alpha\pm\beta)}$.

> **练一练**
>
> 尝试用证明 $C_{(\alpha-\beta)}$ 的方法来证明 $C_{(\alpha+\beta)}$.

◈ 例题解析

例 1 不查表，求 $\cos 75°$，$\cos 15°$ 的值.

解 （1）$\cos 75° = \cos(45°+30°)$

$$\begin{aligned}&=\cos 45°\cos 30°-\sin 45°\sin 30°\\&=\frac{\sqrt{2}}{2}\times\frac{\sqrt{3}}{2}-\frac{\sqrt{2}}{2}\times\frac{1}{2}=\frac{\sqrt{6}-\sqrt{2}}{4}.\end{aligned}$$

（2）$\cos 15^\circ=\cos(45^\circ-30^\circ)$

$$=\cos 45^\circ\cos 30^\circ+\sin 45^\circ\sin 30^\circ$$

$$=\frac{\sqrt{2}}{2}\times\frac{\sqrt{3}}{2}+\frac{\sqrt{2}}{2}\times\frac{1}{2}=\frac{\sqrt{6}+\sqrt{2}}{4}.$$

例 2　已知 $\sin\alpha=\frac{4}{5}$，$\alpha\in(\frac{\pi}{2},\pi)$，$\cos\beta=-\frac{5}{13}$，$\beta\in(\pi,\frac{3\pi}{2})$，求 $\cos(\alpha+\beta)$ 的值.

解　因为 $\sin\alpha=\frac{4}{5}$，$\alpha\in(\frac{\pi}{2},\pi)$，所以

$$\cos\alpha=-\sqrt{1-\sin^2\alpha}=-\sqrt{1-(\frac{4}{5})^2}=-\frac{3}{5},$$

又因为 $\cos\beta=-\frac{5}{13}$，$\beta\in(\pi,\frac{3\pi}{2})$，所以

$$\sin\beta=-\sqrt{1-\cos^2\beta}=-\sqrt{1-(-\frac{5}{13})^2}=-\frac{12}{13},$$

故

$$\cos(\alpha+\beta)=\cos\alpha\cos\beta-\sin\alpha\sin\beta$$

$$=(-\frac{3}{5})\times(-\frac{5}{13})-\frac{4}{5}\times(-\frac{12}{13})$$

$$=\frac{63}{65}.$$

因此，$\cos(\alpha+\beta)$ 的值为 $\frac{63}{65}$.

1.1.2　两角和与差的正弦公式

根据初中学过的 $\sin(\frac{\pi}{2}-\alpha)=\cos\alpha$，$\cos(\frac{\pi}{2}-\alpha)=\sin\alpha$ 可以实现正弦和余弦之间的转化，因此

$$\sin(\alpha+\beta)=\cos[\frac{\pi}{2}-(\alpha+\beta)]=\cos[(\frac{\pi}{2}-\alpha)-\beta]$$

$$=\cos(\frac{\pi}{2}-\alpha)\cos\beta+\sin(\frac{\pi}{2}-\alpha)\sin\beta$$

$$=\sin\alpha\cos\beta+\cos\alpha\sin\beta,$$

即

$$\sin(\alpha+\beta)=\sin\alpha\cos\beta+\cos\alpha\sin\beta.\qquad(1\text{-}3)$$

此公式给出了任意角 α，β 的正弦、余弦与角 $\alpha+\beta$ 的正弦之间的

练一练

试证明

$\sin(\frac{\pi}{2}-\alpha)=\cos\alpha$，

$\cos(\frac{\pi}{2}-\alpha)=\sin\alpha$.

练一练

尝试用证明$S_{(\alpha+\beta)}$的方法来证明$S_{(\alpha-\beta)}$.

关系，因此，公式（1-3）称为**两角和的正弦公式**，简记作$S_{(\alpha+\beta)}$.

将公式$S_{(\alpha+\beta)}$中的β用$-\beta$代替，可得

$$\sin(\alpha-\beta)=\sin\alpha\cos\beta-\cos\alpha\sin\beta. \tag{1-4}$$

此公式给出了任意角α，β的正弦、余弦与角$\alpha-\beta$的正弦之间的关系，因此，公式（1-4）称为**两角差的正弦公式**，简记作$S_{(\alpha-\beta)}$.

$S_{(\alpha+\beta)}$和$S_{(\alpha-\beta)}$统称为**两角和与差的正弦公式**，简记作$S_{(\alpha\pm\beta)}$.

◈ 例题解析

例 3 不查表，求$\sin75°$，$\sin15°$的值.

解 （1）
$$\begin{aligned}\sin75°&=\sin(45°+30°)\\&=\sin45°\cos30°+\cos45°\sin30°\\&=\frac{\sqrt2}{2}\times\frac{\sqrt3}{2}+\frac{\sqrt2}{2}\times\frac12=\frac{\sqrt6+\sqrt2}{4}.\end{aligned}$$

（2）
$$\begin{aligned}\sin15°&=\sin(45°-30°)\\&=\sin45°\cos30°-\cos45°\sin30°\\&=\frac{\sqrt2}{2}\times\frac{\sqrt3}{2}-\frac{\sqrt2}{2}\times\frac12=\frac{\sqrt6-\sqrt2}{4}.\end{aligned}$$

例 4 已知$\sin(\alpha+\frac{\pi}{4})=\frac13$，$\alpha\in(\frac{\pi}{2},\pi)$，求$\sin\alpha$的值.

解 因为$\alpha\in(\frac{\pi}{2},\pi)$，所以

$$\alpha+\frac{\pi}{4}\in(\frac{3\pi}{4},\frac{5\pi}{4}),$$

又因为$\sin(\alpha+\frac{\pi}{4})=\frac13$，所以

$$\cos(\alpha+\frac{\pi}{4})=-\sqrt{1-\sin^2(\alpha+\frac{\pi}{4})}=-\frac{2\sqrt2}{3},$$

故

$$\begin{aligned}\sin\alpha&=\sin[(\alpha+\frac{\pi}{4})-\frac{\pi}{4}]\\&=\sin(\alpha+\frac{\pi}{4})\cos\frac{\pi}{4}-\cos(\alpha+\frac{\pi}{4})\sin\frac{\pi}{4}\\&=\frac13\times\frac{\sqrt2}{2}-(-\frac{2\sqrt2}{3})\times\frac{\sqrt2}{2}=\frac{4+\sqrt2}{6}.\end{aligned}$$

因此，$\sin\alpha$ 的值为 $\frac{4+\sqrt{2}}{6}$.

1.1.3　两角和与差的正切公式

由前面学习的公式可以推导出两角和与差的正切公式：

$$\tan(\alpha+\beta)=\frac{\sin(\alpha+\beta)}{\cos(\alpha+\beta)}=\frac{\sin\alpha\cos\beta+\cos\alpha\sin\beta}{\cos\alpha\cos\beta-\sin\alpha\sin\beta}.$$

当 $\cos\alpha\cos\beta\neq 0$ 时，分子分母同时除以 $\cos\alpha\cos\beta$，得

$$\tan(\alpha+\beta)=\frac{\tan\alpha+\tan\beta}{1-\tan\alpha\tan\beta}. \qquad (1\text{-}5)$$

此公式给出了任意角 α，β 的正切与角 $\alpha+\beta$ 的正切之间的关系，因此，公式（1-5）称为**两角和的正切公式**，简记作 $T_{(\alpha+\beta)}$.

将公式 $T_{(\alpha+\beta)}$ 中的 β 用 $-\beta$ 代替，可得

$$\tan(\alpha-\beta)=\frac{\tan\alpha-\tan\beta}{1+\tan\alpha\tan\beta}. \qquad (1\text{-}6)$$

此公式给出了任意角 α，β 的正切与角 $\alpha-\beta$ 的正切之间的关系，因此，公式（1-6）称为**两角差的正切公式**，简记作 $T_{(\alpha-\beta)}$.

$T_{(\alpha+\beta)}$ 和 $T_{(\alpha-\beta)}$ 统称为**两角和与差的正切公式**，简记作 $T_{(\alpha\pm\beta)}$.

需要注意的是，如果两角和与差的正切公式成立，那么对任意角 α，β，$\alpha\pm\beta$ 有如下要求：

$$\{\alpha\mid\alpha\in\mathbf{R},\ \alpha\neq\frac{\pi}{2}+k\pi,\ k\in\mathbf{Z}\},$$

$$\{\beta\mid\beta\in\mathbf{R},\ \beta\neq\frac{\pi}{2}+k\pi,\ k\in\mathbf{Z}\},$$

$$\{\alpha\pm\beta\mid\alpha\pm\beta\in\mathbf{R},\ \alpha\pm\beta\neq\frac{\pi}{2}+k\pi,\ k\in\mathbf{Z}\}.$$

> **提示**
>
> 有了公式（1-1）至（1-6），只要知道 $\sin\alpha$，$\sin\beta$，$\cos\alpha$，$\cos\beta$，就可以求得任意两角的和与差的正弦、余弦和正切值.

◈ 例题解析

例 5　求 $\tan15°$，$\tan75°$ 的值.

解　（1）$\tan15°=\tan(45°-30°)$

$$=\frac{\tan45°-\tan30°}{1+\tan45°\tan30°}$$

$$=\frac{1-\frac{\sqrt{3}}{3}}{1+\frac{\sqrt{3}}{3}}=2-\sqrt{3}.$$

（2）$\tan 75°=\tan(45°+30°)$

$$=\frac{\tan 45°+\tan 30°}{1-\tan 45°\tan 30°}$$

$$=\frac{1+\frac{\sqrt{3}}{3}}{1-\frac{\sqrt{3}}{3}}=2+\sqrt{3}.$$

例 6 求 $\frac{1+\tan 75°}{1-\tan 75°}$ 的值.

解 $\frac{1+\tan 75°}{1-\tan 75°}=\frac{\tan 45°+\tan 75°}{1-\tan 45°\tan 75°}=\tan(45°+75°)=\tan 120°$

$$=\tan(180°-60°)=-\tan 60°=-\sqrt{3}.$$

1.1.4 二倍角公式

以两角和与差的三角函数公式为基础，可以推导出用角 α 的三角函数表示角 2α 的三角函数的公式.

事实上，只需要令 $\beta=\alpha$，即可得到

$$\sin 2\alpha=2\sin\alpha\cos\alpha, \tag{1-7}$$

$$\cos 2\alpha=\cos^2\alpha-\sin^2\alpha, \tag{1-8}$$

$$\tan 2\alpha=\frac{2\tan\alpha}{1-\tan^2\alpha}\ (\alpha,\ 2\alpha\neq\frac{\pi}{2}+k\pi,\ k\in\mathbf{Z}). \tag{1-9}$$

因为 $\sin^2\alpha+\cos^2\alpha=1$，所以公式（1-8）还可以变形为

$$\begin{cases}\cos 2\alpha=2\cos^2\alpha-1\\ \cos 2\alpha=1-2\sin^2\alpha\end{cases}. \tag{1-10}$$

公式（1-7）至（1-10）统称为二倍角的三角函数公式，简称为二倍角公式.

需要注意的是，在运用二倍角公式时，要分清角之间的相对关系，如 2α 是 α 的倍角，4α 是 2α 的倍角.

◈ 例题解析

例 7　已知 $\sin 2\alpha=\frac{5}{13}$，$2\alpha\in(\frac{\pi}{2},\pi)$，求 $\sin 4\alpha$，$\cos 4\alpha$ 的值.

解　因为 $\sin 2\alpha=\frac{5}{13}$，$2\alpha\in(\frac{\pi}{2},\pi)$，所以

$$\cos 2\alpha=-\sqrt{1-\sin^2 2\alpha}=-\frac{12}{13},$$

故

$$\sin 4\alpha=2\sin 2\alpha\cos 2\alpha=-\frac{120}{169},$$

$$\cos 4\alpha=\cos^2 2\alpha-\sin^2 2\alpha=\frac{119}{169}.$$

因此，$\sin 4\alpha$，$\cos 4\alpha$ 的值分别为 $-\frac{120}{169}$，$\frac{119}{169}$.

例 8　已知 $\cos\frac{\alpha}{2}=-\frac{1}{3}$，$\alpha\in(\pi,2\pi)$，求 $\sin\alpha$ 的值.

解　因为 $\alpha\in(\pi,2\pi)$，所以

$$\frac{\alpha}{2}\in(\frac{\pi}{2},\pi),$$

又因为 $\cos\frac{\alpha}{2}=-\frac{1}{3}$，所以

$$\sin\frac{\alpha}{2}=\sqrt{1-\cos^2\frac{\alpha}{2}}=\sqrt{1-\frac{1}{9}}=\frac{2\sqrt{2}}{3},$$

故

$$\begin{aligned}\sin\alpha&=2\sin\frac{\alpha}{2}\cos\frac{\alpha}{2}\\&=2\times\frac{2\sqrt{2}}{3}\times(-\frac{1}{3})\\&=-\frac{4\sqrt{2}}{9}.\end{aligned}$$

因此，$\sin\alpha$ 的值为 $-\frac{4\sqrt{2}}{9}$.

例 9　计算：$(\sin\frac{5\pi}{12}+\cos\frac{5\pi}{12})(\sin\frac{5\pi}{12}-\cos\frac{5\pi}{12})$.

解　$(\sin\frac{5\pi}{12}+\cos\frac{5\pi}{12})(\sin\frac{5\pi}{12}-\cos\frac{5\pi}{12})$

$=\sin^2\frac{5\pi}{12}-\cos^2\frac{5\pi}{12}$

$=-\cos\frac{5\pi}{6}$

$=\frac{\sqrt{3}}{2}$.

习题 1.1

1．求下列各式的值．

（1）$\sin105°$；（2）$\cos165°$；

（3）$\cos15°+\sin15°$；（4）$\cos40°\sin80°+\sin40°\cos80°$；

（5）$\frac{1+\tan15°}{1-\tan15°}$；（6）$\sin^2\frac{\pi}{8}-\frac{1}{2}$．

2．化简下列各式．

（1）$\sqrt{3}\sin x+\cos x$；（2）$\sin(\frac{\pi}{3}+\alpha)+\sin(\frac{\pi}{3}-\alpha)$；

（3）$(\sin\alpha-\cos\alpha)^2$；（4）$\cos^4\beta-\sin^4\beta$．

3．已知$\cos\alpha=\frac{12}{13}$，$\alpha\in(0,\frac{\pi}{2})$，求$\sin(\alpha-\frac{\pi}{6})$，$\cos(\alpha-\frac{\pi}{6})$的值．

4．已知$\sin\alpha=-\frac{2}{3}$，$\alpha\in(\pi,\frac{3\pi}{2})$，$\cos\beta=\frac{3}{4}$，$\beta\in(\frac{3\pi}{2},2\pi)$，求$\cos(\beta-\alpha)$的值．

5．已知$\cos(\alpha+\frac{\pi}{6})=\frac{\sqrt{6}-\sqrt{2}}{4}$，$\alpha\in(0,\frac{\pi}{2})$，求$\cos\alpha$的值．

6．已知$\tan\alpha=\frac{1}{4}$，$\tan\beta=-1$，求$\tan(\alpha+\beta)$，$\tan(\alpha-\beta)$的值．

7．已知$\tan\alpha=\frac{1}{3}$，$\tan\beta=-2$，$\alpha\in(0,\frac{\pi}{2})$，$\beta\in(\frac{\pi}{2},\pi)$，求角$\alpha+\beta$的大小．

8．已知$\cos\alpha=-\frac{\sqrt{3}}{3}$，$\alpha\in(\pi,\frac{3\pi}{2})$，求$\sin2\alpha$，$\cos2\alpha$的值．

9．已知$\sin\frac{\alpha}{2}=\frac{3}{5}$，$\cos\frac{\alpha}{2}=-\frac{4}{5}$，试确定角$\alpha$所在的象限．

1.2 正弦型函数

1.2.1 正弦型函数的概念与性质

在物理和工程技术的许多问题中，经常会遇到形如

$$y = A\sin(\omega x+\varphi)(A>0,\ \omega>0)$$

的函数，这类函数被称为正弦型函数．例如，在简谐运动中，位移与时间的函数关系就是形如 $y = A\sin(\omega x+\varphi)$ 的函数．这个函数与正弦函数 $y=\sin x$ 有着密切的关系．

在正弦型函数 $y = A\sin(\omega x+\varphi)(A>0,\ \omega>0)$ 中，令 $z=\omega x+\varphi$，则

$$y = A\sin(\omega x+\varphi) = A\sin z .$$

因函数 $y=\sin z$ 是正弦函数，其定义域为 **R**，最小正周期为 2π，故函数 $y = A\sin(\omega x+\varphi)(A>0,\ \omega>0)$ 的定义域为 **R**，且

$$\begin{aligned} y &= A\sin(\omega x+\varphi) \\ &= A\sin(z+2\pi) \\ &= A\sin[(\omega x+\varphi)+2\pi] \\ &= A\sin[\omega(x+\frac{2\pi}{\omega})+\varphi]. \end{aligned}$$

这说明函数 $y = A\sin(\omega x+\varphi)(A>0,\ \omega>0)$ 也是周期函数，其周期 $T=\frac{2\pi}{\omega}$．

由于函数 $y=\sin z$ 的最大值为 1，最小值为 -1，故 $y=A\sin z(A>0)$ 的最大值为 A，最小值为 $-A$，即正弦型函数 $y = A\sin(\omega x+\varphi)(A>0,\ \omega>0)$ 的最大值为 A，最小值为 $-A$．

综上所述，正弦型函数 $y = A\sin(\omega x+\varphi)(A>0,\ \omega>0)$ 的定义域为 **R**，最小正周期为 2π，最大值为 A，最小值为 $-A$．

> **提示**
> 将 $\omega x+\varphi$ 换为 z，可以将正弦型函数与正弦函数联系起来，便于探究正弦型函数的性质．这种方法在数学中被称为**换元法**，它是一种重要的数学方法．

◈ 例题解析

例 1 求函数 $y=\sin x\cos 2x+\cos x\sin 2x$ 的周期．

解 由公式（1-3）可知，

$$y=\sin x\cos 2x+\cos x\sin 2x=\sin 3x,$$

故函数的周期 $T=\frac{2\pi}{3}$．

> **提示**
> 利用公式将函数化为正弦型函数的形式，是确定函数周期的关键．

例 2 求函数 $y=2\sin(2x+\frac{\pi}{6})$ 的周期，并指出当 x 为何值时，函数取得最大值和最小值.

解 函数的周期 $T=\frac{2\pi}{2}=\pi$.

令 $z=2x+\frac{\pi}{6}$，则 $x=\frac{z}{2}-\frac{\pi}{12}$.

当 $z=\frac{\pi}{2}+2k\pi$，即 $x=\frac{\pi}{6}+k\pi$ 时，函数 $y=2\sin z$ 有最大值 2.

当 $z=\frac{3\pi}{2}+2k\pi$，即 $x=\frac{2\pi}{3}+k\pi$ 时，函数 $y=2\sin z$ 有最小值 -2.

由此可知，当 $x=\frac{\pi}{6}+k\pi\,(k\in\mathbf{Z})$ 时，函数 $y=2\sin(2x+\frac{\pi}{6})$ 取得最大值 2，当 $x=\frac{2\pi}{3}+k\pi\,(k\in\mathbf{Z})$ 时，函数 $y=2\sin(2x+\frac{\pi}{6})$ 取得最小值 -2.

1.2.2 正弦型曲线

正弦型函数的图像叫做正弦型曲线.

下面用“五点法”作出函数 $y=3\sin(x-\frac{\pi}{4})$ 在一个周期内的图像.

首先，我们知道常数 3 不影响这个函数的周期；其次，为了求出图像上五个关键点的横坐标，可设 $u=x-\frac{\pi}{4}$，分别令 $u=0$，$\frac{\pi}{2}$，π，$\frac{3\pi}{2}$，2π，则能求出对应的 x 的值.

当 $u=x-\frac{\pi}{4}=0$ 时，$x_1=\frac{\pi}{4}$；

当 $u=x-\frac{\pi}{4}=\frac{\pi}{2}$ 时，$x_2=\frac{\pi}{4}+\frac{\pi}{2}=\frac{3\pi}{4}$；

当 $u=x-\frac{\pi}{4}=\pi$ 时，$x_3=\frac{\pi}{4}+\pi=\frac{5\pi}{4}$；

当 $u=x-\frac{\pi}{4}=\frac{3\pi}{2}$ 时，$x_4=\frac{\pi}{4}+\frac{3\pi}{2}=\frac{7\pi}{4}$；

当 $u=x-\frac{\pi}{4}=2\pi$ 时，$x_5=\frac{\pi}{4}+2\pi=\frac{9\pi}{4}$.

由此可见，当 u 从 0 变化到 2π，即 x 从 $\frac{\pi}{4}$ 变化到 $\frac{9\pi}{4}$ 时，函数

$y=3\sin u=3\sin(x-\frac{\pi}{4})$ 完成一个周期的变化过程. 上述过程可以通过列表求值反映出来.

按五个关键点列表求值，如表 1-1 所示.

表 1-1

$x-\frac{\pi}{4}$	0	$\frac{\pi}{2}$	π	$\frac{3\pi}{2}$	2π
x	$\frac{\pi}{4}$	$\frac{3\pi}{4}$	$\frac{5\pi}{4}$	$\frac{7\pi}{4}$	$\frac{9\pi}{4}$
$y=3\sin(x-\frac{\pi}{4})$	0	3	0	−3	0

描点连线，得到函数 $y=3\sin(x-\frac{\pi}{4})$ 在一个周期内的图像，如图 1-2 所示.

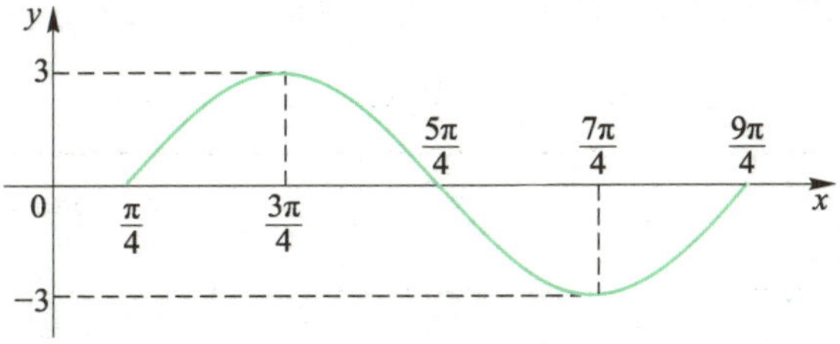

图 1-2

由此可知，要用“五点法”作正弦型函数 $y=A\sin(\omega x+\varphi)$ 的图像，首先应求出五个关键点的横坐标，即

令 $\omega x+\varphi=0$，得 $x_1=-\frac{\varphi}{\omega}$；

令 $\omega x+\varphi=\frac{\pi}{2}$，得 $x_2=\frac{-\varphi+\frac{\pi}{2}}{\omega}$；

令 $\omega x+\varphi=\pi$，得 $x_3=\frac{-\varphi+\pi}{\omega}$；

令 $\omega x+\varphi=\frac{3\pi}{2}$，得 $x_4=\frac{-\varphi+\frac{3\pi}{2}}{\omega}$；

令 $\omega x+\varphi=2\pi$，得 $x_5=\frac{-\varphi+2\pi}{\omega}$.

然后计算出对应的函数值，就找到了五个点，将这五个点用平滑曲线连接起来，一个周期的图像就画出来了.

对于物理学和电工学等学科中所涉及的正弦型函数 $y=A\sin(\omega x+\varphi)$（其中 A，ω，φ 是常数），A 称为振幅，$\omega x+\varphi$ 称为相位，φ 称为初相，$T=\dfrac{2\pi}{\omega}$ 为周期，$f=\dfrac{1}{T}$ 称为频率.

◈ 例题解析

例 3　用“五点法”作出函数 $y=3\sin(2x+\dfrac{\pi}{3})$ 在一个周期内的图像.

分析　函数 $y=3\sin(2x+\dfrac{\pi}{3})$ 的周期 $T=\dfrac{2\pi}{2}=\pi$. 要求五个关键点的坐标，可设 $u=2x+\dfrac{\pi}{3}$，分别令 $u=0$，$\dfrac{\pi}{2}$，π，$\dfrac{3\pi}{2}$，2π，就能求出对应的 x 的值.

解　按五个关键点列表求值，如表 1-2 所示.

表 1-2

$2x+\dfrac{\pi}{3}$	0	$\dfrac{\pi}{2}$	π	$\dfrac{3\pi}{2}$	2π
x	$-\dfrac{\pi}{6}$	$\dfrac{\pi}{12}$	$\dfrac{\pi}{3}$	$\dfrac{7\pi}{12}$	$\dfrac{5\pi}{6}$
$y=3\sin(2x+\dfrac{\pi}{3})$	0	3	0	-3	0

描点连线，得到函数 $y=3\sin(2x+\dfrac{\pi}{3})$ 在一个周期内的图像，如图 1-3 所示.

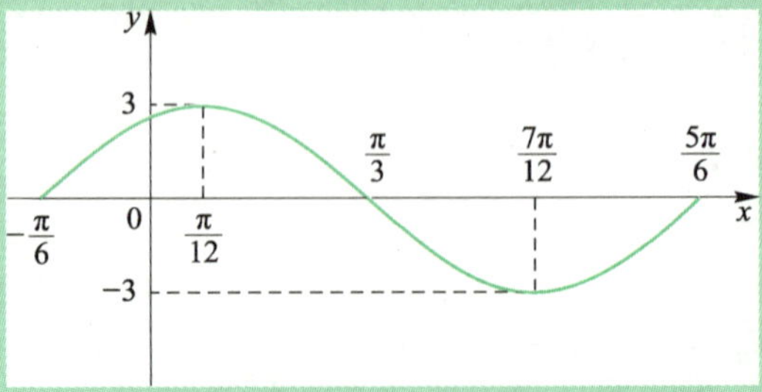

图 1-3

例 4　已知一个周期的正弦型曲线如图 1-4 所示，求函数的解析式.

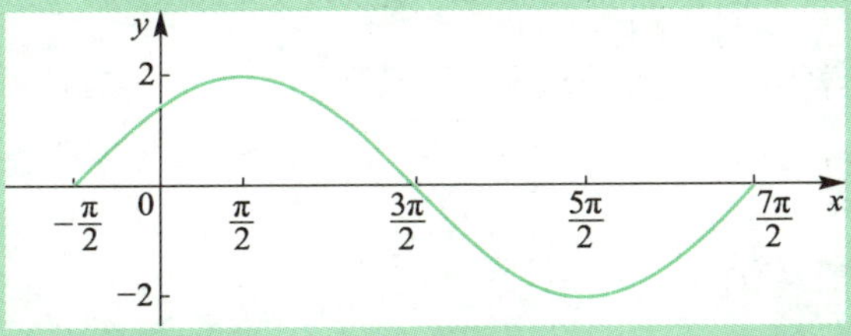

图 1-4

解　由图 1-4 可知，$A=2$.

由于

$$\frac{7\pi}{2}-(-\frac{\pi}{2})=4\pi,$$

所以函数的周期为 4π，故 $\omega=\frac{1}{2}$.

设函数解析式为 $y=2\sin(\frac{1}{2}x+\varphi)$，将坐标 $(-\frac{\pi}{2},0)$ 代入上式，得

$$0=2\sin(-\frac{\pi}{4}+\varphi),$$

解得

$$\varphi=\frac{\pi}{4}.$$

故函数解析式为 $y=2\sin(\frac{1}{2}x+\frac{\pi}{4})$.

例 5　如图 1-5 所示单摆，小球偏离铅垂线方向的角度为 α (rad)，α 作为时间 t(s) 的函数，满足函数解析式 $\alpha(t)=\frac{1}{2}\sin(2t+\frac{\pi}{2})(t\geqslant 0)$.

（1）最初时 $(t=0)$ α 的值是多少？

（2）单摆摆动的频率是多少？

（3）经过多长时间单摆摆完 5 次完整摆动？

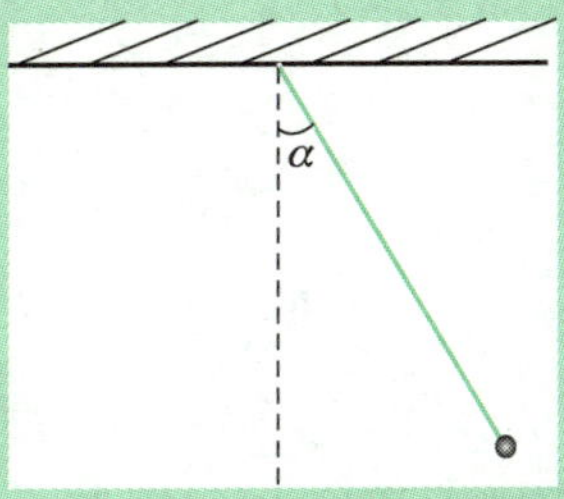

图 1-5

解 （1）当 $t=0$ 时，$\alpha=\frac{1}{2}\sin\frac{\pi}{2}=\frac{1}{2}(\text{rad})$.

（2）因为单摆摆动的周期

$$T=\frac{2\pi}{2}=\pi ,$$

所以单摆摆动的频率

$$f=\frac{1}{T}=\frac{1}{\pi} .$$

（3）因为单摆完成 1 次完整的摆动的时间就是一个周期 T，即 π s，所以单摆完成 5 次完整的摆动需要的时间是 5π s .

习题 1.2

1．求下列函数的周期.

（1）$y=\sin(3x+\frac{\pi}{3})$；　（2）$y=\sin(\frac{1}{2}x-\frac{\pi}{3})$；

（3）$y=\cos 2x+\sin 2x$；　（4）$y=\sqrt{3}\cos x+\sin x$.

2．指出当 x 为何值时，下列函数取得最大值和最小值.

（1）$y=4\sin(\frac{1}{3}x+\frac{3\pi}{4})$；　（2）$y=\frac{1}{2}\sin(3x-\frac{\pi}{4})$.

3．利用“五点法”作出下列函数在一个周期内的图像，并指出振幅、周期和初相.

（1）$y=3\sin(\frac{1}{2}x+\frac{\pi}{6})$；　（2）$y=3\sin(2x-\frac{\pi}{6})$.

4．已知一个周期的正弦型曲线如图 1-6 所示，求函数的解析式.

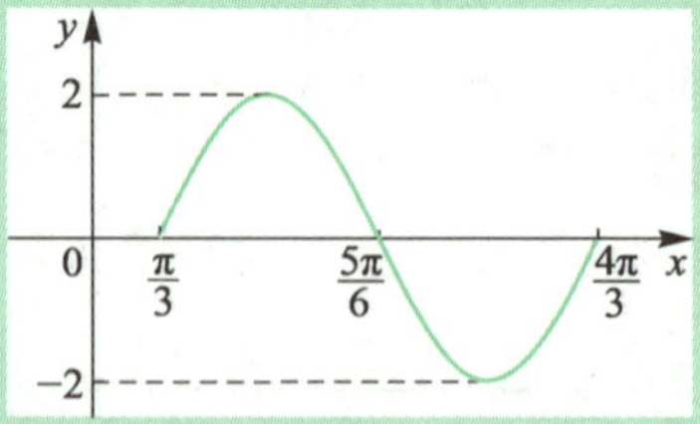

图 1-6

5．在图 1-7 中，点 O 为做简谐运动的物体的平衡位置，取向右的方向为物体位移的正方向．若已知简谐运动的振幅为 3 cm，周期为 3 s，且物体向右运动到最大距离 3 cm 时开始计时.

（1）求物体相对于平衡位置的位移 x(cm) 和时间 t(s) 之间的函数

解析式；

（2）求该物体在 $t=5\,\text{s}$ 时的位置．

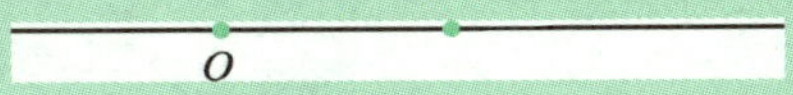

图 1-7

1.3　正弦定理与余弦定理

在天文观测、航海和地理测量等实践活动中，都离不开对几何图形的测量、设计和计算．其中的许多实际问题都可以转化为求三角形的边或角的问题．例如，计算卫星的角度和高度，测量河流两岸码头之间的距离，确定待建隧道的长度等．

正弦定理和余弦定理是解决实际测量问题的重要定理．

1.3.1　正弦定理

在 $\triangle ABC$ 中，已知 $\angle A$ 所对的边长为 a，$\angle B$ 所对的边长为 b，$\angle C$ 所对的边长为 c，如图 1-8 所示．下面我们研究 $\angle A$，$\angle B$，$\angle C$，a，b，c 之间的数量关系．

三角形可分为直角三角形、锐角三角形和钝角三角形，因此，可以分三种情况讨论．

（1）若 $\triangle ABC$ 为直角三角形，$\angle C=90°$，如图 1-9 所示．

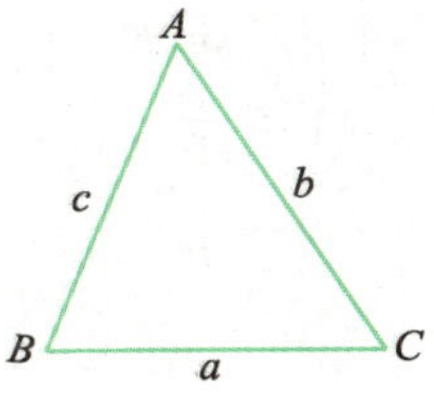

图 1-8

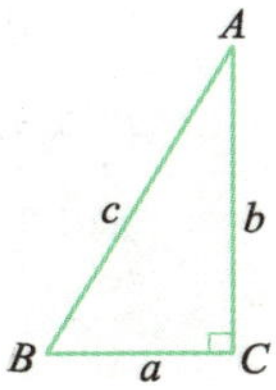

图 1-9

根据正弦函数的定义，可知

$$\sin A=\frac{a}{c}，\quad \sin B=\frac{b}{c}，$$

故

$$\frac{a}{\sin A}=\frac{b}{\sin B}=c\,.$$

又因为$\angle C=90^\circ$，所以

$$\sin C=1=\frac{c}{c},$$

即

$$\frac{c}{\sin C}=c,$$

因此

$$\frac{a}{\sin A}=\frac{b}{\sin B}=\frac{c}{\sin C}\,.$$

（2）若$\triangle ABC$为锐角三角形，如图 1-10 所示.

过点A作$AD\perp BC$于D，在$\mathrm{Rt}\triangle ABD$和$\mathrm{Rt}\triangle ACD$中，根据正弦函数的定义，可知

$$\sin B=\frac{AD}{c},\quad \sin C=\frac{AD}{b},$$

则

$$AD=c\sin B=b\sin C,$$

即

$$\frac{b}{\sin B}=\frac{c}{\sin C}\,.$$

同理，可得

$$\frac{a}{\sin A}=\frac{b}{\sin B}\,.$$

因此，当$\triangle ABC$为锐角三角形时，等式$\dfrac{a}{\sin A}=\dfrac{b}{\sin B}=\dfrac{c}{\sin C}$仍然成立.

（3）若$\triangle ABC$为钝角三角形，如图 1-11 所示.

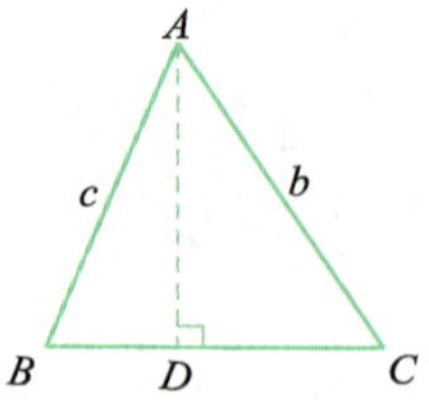

图 1-10

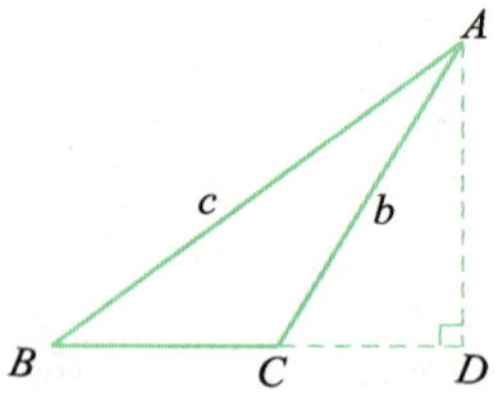

图 1-11

过点A作$AD\perp BC$，交BC的延长线于点D，在$\mathrm{Rt}\triangle ABD$和$\mathrm{Rt}\triangle ACD$中，根据正弦函数的定义，可知

$$\sin B=\frac{AD}{c},\quad \sin\angle ACD=\frac{AD}{b},$$

则

$$AD=c\sin B=b\sin\angle ACD,$$

又因为

$$\sin\angle ACD=\sin(\pi-\angle ACD)=\sin\angle ACB,$$

故

$$AD=c\sin B=b\sin\angle ACB,$$

即

$$\frac{b}{\sin B}=\frac{c}{\sin\angle ACB}.$$

同理，可得

$$\frac{a}{\sin A}=\frac{b}{\sin B}.$$

因此，当$\triangle ABC$为钝角三角形时，等式$\frac{a}{\sin A}=\frac{b}{\sin B}=\frac{c}{\sin C}$仍然成立.

于是，可以得到这样的定理：

正弦定理（law of sines）　在一个三角形中，各边和它所对角的正弦的比相等，即

$$\frac{a}{\sin A}=\frac{b}{\sin B}=\frac{c}{\sin C}. \tag{1-11}$$

一般地，把三角形的三个角$\angle A$，$\angle B$，$\angle C$和它们的对边a，b，c叫做三角形的元素．已知三角形的几个元素，求其他元素的过程叫做**解三角形**.

应用正弦定理可以解决以下两类解三角形的问题：

（1）已知三角形的任意两个角和一条边，求其他两边和第三角；

（2）已知三角形的两边和其中一边的对角，求其他两角和第三边.

◈ 例题解析

例 1　在$\triangle ABC$中，已知$c=10$，$\angle A=45°$，$\angle C=30°$，解三角形.

解　因为$\angle A=45°$，$\angle C=30°$，所以

$$\angle B=180°-(\angle A+\angle C)=105°.$$

由正弦定理得

$$a=\frac{c\sin A}{\sin C}=\frac{10\sin 45°}{\sin 30°}=10\sqrt{2},$$

提示

如无特殊说明，本章中出现的a,b,c均为$\triangle ABC$中$\angle A$，$\angle B$，$\angle C$的对边.

$$b=\frac{c\sin B}{\sin C}=\frac{10\sin 105^\circ}{\sin 30^\circ}=\frac{10\sin 75^\circ}{\sin 30^\circ}=\frac{10\sin(45^\circ+30^\circ)}{\sin 30^\circ}=5(\sqrt{2}+\sqrt{6}).$$

例 2 在$\triangle ABC$中，已知$b=\sqrt{3}$，$c=1$，$\angle B=60^\circ$，解三角形．

解 由正弦定理得

$$\sin C=\frac{c\sin B}{b}=\frac{1\times\sin 60^\circ}{\sqrt{3}}=\frac{1}{2},$$

则

$$\angle C=30^\circ \text{或} 150^\circ.$$

因为$b>c$，所以

$$\angle B>\angle C,$$

故

$$\angle C=30^\circ,$$

因此

$$\angle A=180^\circ-(\angle B+\angle C)=90^\circ.$$

由正弦定理得

$$a=\frac{c\sin A}{\sin C}=\frac{1\times\sin 90^\circ}{\sin 30^\circ}=2.$$

注意

已知三角形的两边和其中一边的对角，利用正弦定理求另一边的对角时，要注意这个角的取值.

例 3 在$\triangle ABC$中，已知$a=2$，$c=\sqrt{6}$，$\angle A=45^\circ$，解三角形．

解 由正弦定理得

$$\sin C=\frac{c\sin A}{a}=\frac{\sqrt{6}\sin 45^\circ}{2}=\frac{\sqrt{3}}{2},$$

则

$$\angle C=60^\circ \text{或} 120^\circ.$$

（1）当$\angle C=60^\circ$时，$\angle B=75^\circ$，$b=\dfrac{c\sin B}{\sin C}=\dfrac{\sqrt{6}\sin 75^\circ}{\sin 60^\circ}=\sqrt{3}+1$；

（2）当$\angle C=120^\circ$时，$\angle B=15^\circ$，$b=\dfrac{c\sin B}{\sin C}=\dfrac{\sqrt{6}\sin 15^\circ}{\sin 60^\circ}=\sqrt{3}-1$．

1.3.2 余弦定理

已知一个三角形的两条边及其所夹的角，根据三角形全等的判定方法可知，这个三角形的大小和形状是完全确定的．从量化的角度来研究这个问题，就是研究如何根据三角形已知的两边和它们的夹角计算第三边和另外两个角．由于涉及边长和角度，因此可以通过平面内两点间距离公式来研究这个问题．

以 A 为原点，以线段 AC 所在直线为 x 轴建立平面直角坐标系，如图 1-12 所示，这时点 A，B，C 的坐标分别为 $A(0,0)$，$B(c\cos A,c\sin A)$，$C(b,0)$.

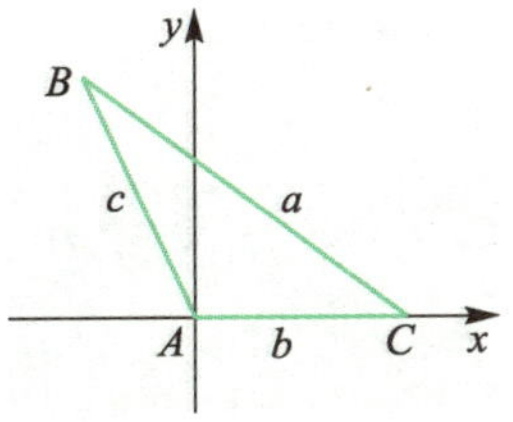

图 1-12

由平面内两点间距离公式有

$$\begin{aligned}a=|BC|&=\sqrt{(c\cos A-b)^2+(c\sin A-0)^2}\\&=\sqrt{c^2(\cos^2 A+\sin^2 A)+b^2-2bc\cos A}\\&=\sqrt{b^2+c^2-2bc\cos A},\end{aligned}$$

两边平方，得

$$a^2=b^2+c^2-2bc\cos A.$$

同理，可得

$$b^2=a^2+c^2-2ac\cos B,$$

$$c^2=a^2+b^2-2ab\cos C.$$

于是，我们可以得到这样的定理：

余弦定理（law of cosines）　三角形任意一边的平方等于其他两边的平方和减去这两边与它们夹角余弦的积的二倍，即

$$\begin{cases}a^2=b^2+c^2-2bc\cos A\\b^2=a^2+c^2-2ac\cos B\\c^2=a^2+b^2-2ab\cos C\end{cases}.\tag{1-12}$$

由余弦定理，还可以得到以下推论

$$\begin{cases}\cos A=\dfrac{b^2+c^2-a^2}{2bc}\\\cos B=\dfrac{a^2+c^2-b^2}{2ac}\\\cos C=\dfrac{a^2+b^2-c^2}{2ab}\end{cases}.\tag{1-13}$$

应用余弦定理及其推论，可以解决以下两类解三角形的问题：

（1）已知三角形的两边及其夹角，求第三边和其他两角；

（2）已知三角形的三边，求三个角.

◈ 例题解析

例 4 在△ABC中，已知$b=8$，$c=3$，$\angle A=60°$，解三角形.（角度精确到1°）

解 由余弦定理得

$$\begin{aligned}a^2&=b^2+c^2-2bc\cos A\\&=8^2+3^2-2\times8\times3\times\frac{1}{2}\\&=49,\end{aligned}$$

解得

$$a=7\text{ 或 }a=-7\text{（舍）}.$$

因为

$$\cos C=\frac{a^2+b^2-c^2}{2ab}=\frac{7^2+8^2-3^2}{2\times7\times8}\approx0.928\,6,$$

所以

$$\angle C\approx22°,$$

$$\angle B=180°-(\angle A+\angle C)=180°-(60°+22°)=98°.$$

例 5 在△ABC中，已知$a=7$，$b=10$，$c=6$，解三角形.（角度精确到1°）

解 由余弦定理得

$$\cos A=\frac{b^2+c^2-a^2}{2bc}=\frac{10^2+6^2-7^2}{2\times10\times6}=0.725,$$

$$\cos B=\frac{a^2+c^2-b^2}{2ac}=\frac{7^2+6^2-10^2}{2\times7\times6}\approx-0.178\,6,$$

$$\cos C=\frac{a^2+b^2-c^2}{2ab}=\frac{7^2+10^2-6^2}{2\times7\times10}\approx0.807\,1,$$

所以

$$\angle A\approx44°,\ \angle B\approx100°,\ \angle C\approx36°.$$

1.3.3 正、余弦定理应用举例

正、余弦定理的发现，从量化的角度描述了三角形的边角关系，在解决一些与三角形有关的几何运算或实际问题时，经常会用到这两个定理．下面介绍它们的一些应用．

◈ 例题解析

例 6　如图 1-13 所示，一艘船以 15 km/h 的速度向东航行，船在 A 处看到一灯塔 M 在北偏东 $60°$ 方向，行驶 4 h 后，船到达 B 处，看到这个灯塔在北偏东 $15°$ 方向，这时船与灯塔的距离为多少？

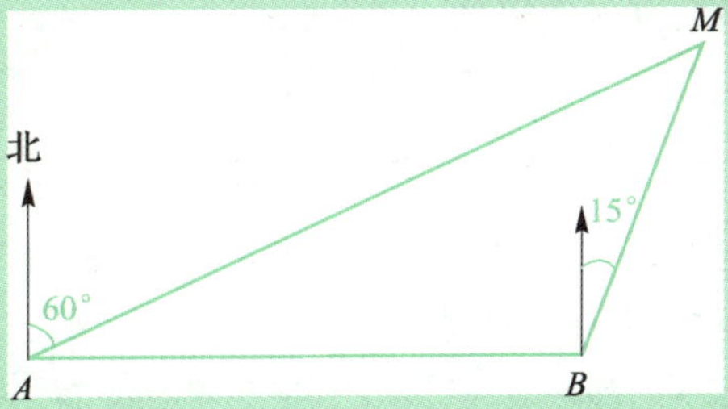

图 1-13

解　由题意得

$$AB = 15 \times 4 = 60,\quad \angle MAB = 30°,\quad \angle AMB = 45°.$$

在 $\triangle AMB$ 中，由正弦定理得

$$\frac{AB}{\sin \angle AMB} = \frac{BM}{\sin \angle MAB},$$

即

$$\frac{60}{\sin 45°} = \frac{BM}{\sin 30°},$$

解得

$$BM = 30\sqrt{2}.$$

因此，这时船与灯塔的距离为 $30\sqrt{2}$ km．

例 7　如图 1-14 所示，要测底部不能到达的烟囱 AB 的高，在与烟囱底部同一水平面的 C，D 两处测得烟囱顶端的仰角分别为 $45°$ 和 $60°$，C，D 间的距离为 12 m．已知测角仪器高为 1.5 m，求烟囱的高.（精确到 0.1 m）

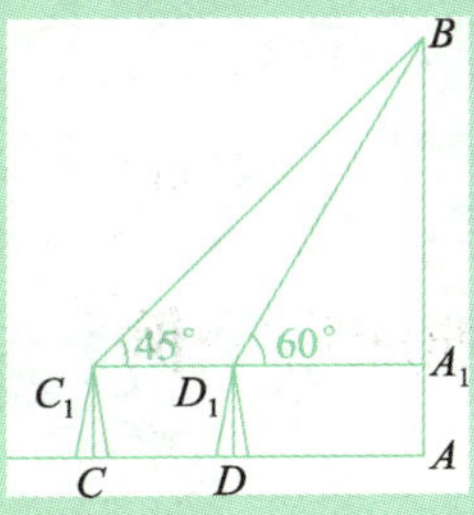

图 1-14

解 由题意可知，

$$\angle C_1BD_1 = 60° - 45° = 15°，\angle BD_1C_1 = 180° - 60° = 120°.$$

由正弦定理得

$$\frac{C_1D_1}{\sin\angle C_1BD_1} = \frac{BC_1}{\sin\angle BD_1C_1},$$

即

$$BC_1 = \frac{C_1D_1 \sin\angle BD_1C_1}{\sin\angle C_1BD_1} = \frac{12 \times \sin 120°}{\sin 15°} \approx 40.2\,(\text{m}).$$

由正弦函数定义得

$$A_1B = BC_1 \sin\angle BC_1A_1 = 40.2 \times \sin 45° \approx 28.4\,(\text{m}),$$

$$AB = AA_1 + A_1B = 1.5 + 28.4 = 29.9\,(\text{m}).$$

因此，烟囱高约为 29.9 m .

例 8 建筑道路需挖掘隧道，在山的两侧是隧道口 A 和 B，如图 1-15 所示．在平地上选择适合测量的点 C，测得 $AC = 350\text{ m}$， $BC = 450\text{ m}$，$\angle ACB = 60°$，试计算隧道 AB 的长度．（精确到 1 m）

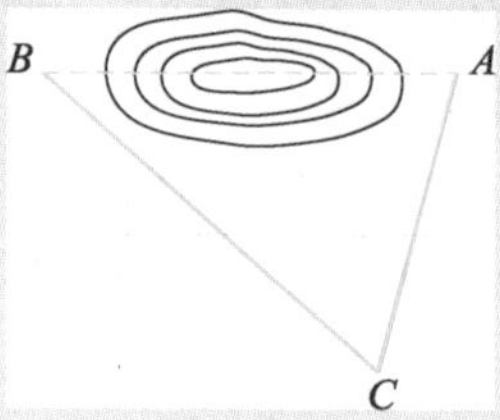

图 1-15

解 在 $\triangle ABC$ 中，由余弦定理得

$$\begin{aligned} AB^2 &= AC^2 + BC^2 - 2AC \cdot BC \cdot \cos 60° \\ &= 350^2 + 450^2 - 2 \times 350 \times 450 \times \frac{1}{2} \\ &= 167\,500, \end{aligned}$$

即

$$AB \approx 409\text{ m}.$$

因此，隧道 AB 的长度为 409 m .

例 9 某公园有一块三角形的池塘，现为便于游客观赏池中景物，准备修一架小桥，桥的两端要分别架在 A 点和 BC 边的中点 D 上，如图 1-16 所示．已知 $AB = 60\text{ m}$， $BC = 70\text{ m}$， $AC = 50\text{ m}$，试求桥 AD 的长度．（精确到 0.01 m）

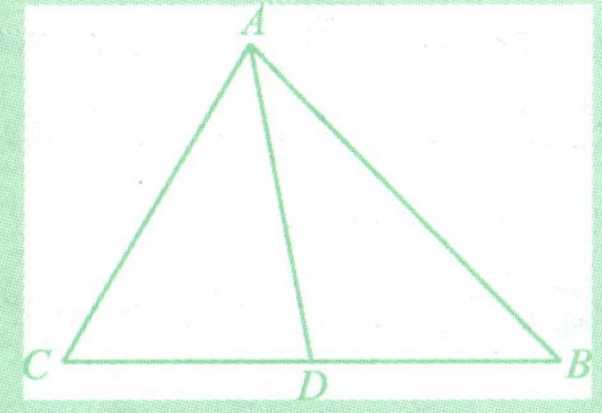

图 1-16

解　在 $\triangle ABC$ 中，由余弦定理得

$$\cos B=\frac{AB^2+BC^2-AC^2}{2AB\cdot BC}=\frac{60^2+70^2-50^2}{2\times 60\times 70}=\frac{5}{7}.$$

由于 D 是 BC 的中点，所以

$$BD=\frac{1}{2}BC=35\text{ m}.$$

在 $\triangle ABD$ 中，由余弦定理得

$$AD^2=AB^2+BD^2-2AB\cdot BD\cdot\cos B=60^2+35^2-2\times 60\times 35\times\frac{5}{7}=1825,$$

即

$$AD\approx 42.72\text{ m}.$$

因此，桥 AD 的长度为 42.72 m .

习题 1.3

1. 在 $\triangle ABC$ 中，已知下列条件，解三角形.（边长精确到0.1，角度精确到1°）

（1）$c=10$，$\angle A=45^\circ$，$\angle B=105^\circ$；

（2）$b=39$，$c=54$，$\angle C=115^\circ$；

（3）$b=4$，$c=7$，$\angle A=60^\circ$；

（4）$a=9$，$b=10$，$c=15$.

2. 在 $\triangle ABC$ 中，已知 $a^2+b^2+ab=c^2$，求 $\angle C$ 的度数.

3. 某地出土一块类似三角形的古代玉佩，其一角已破损，如图 1-17

所示．现测得如下数据：$BC=2.57\,\text{cm}$，$\angle B=45^\circ$，$\angle C=120^\circ$．为了复原玉佩，求原玉佩两边的长．（精确到0.01 cm）

4. 如图1-18所示，两灯塔A，B与海洋观察站C的距离都等于a km，灯塔A在观察站C的北偏东25°，灯塔B在观察站C南偏东35°，求灯塔A，B之间的距离．

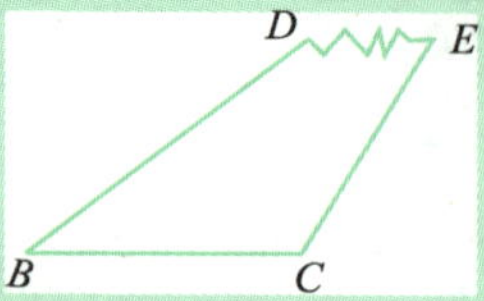

图 1-17

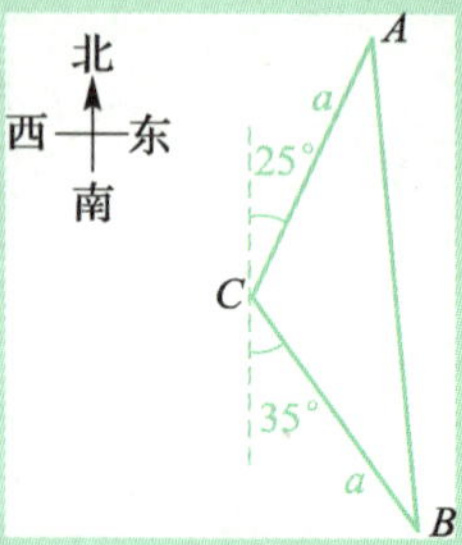

图 1-18

5. 如图1-19所示，要在一条河上建一座桥，施工前在河两岸打上两个桥桩A，B．为了测出A，B两点间的距离，测量人员在岸边定出基线BC，测得$BC=55\,\text{m}$，$\angle B=51^\circ$，$\angle C=75^\circ$，试计算A，B两个桥桩间的距离．（精确到0.01 m）

6. 如图1-20所示，从A点和B点分别测得东方明珠电视塔顶C的仰角为38.3°和50°，$AB=200\,\text{m}$，求东方明珠电视塔的高度．（精确到1 m）

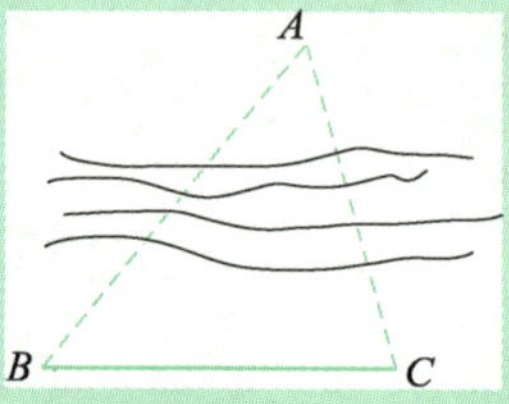

图 1-19

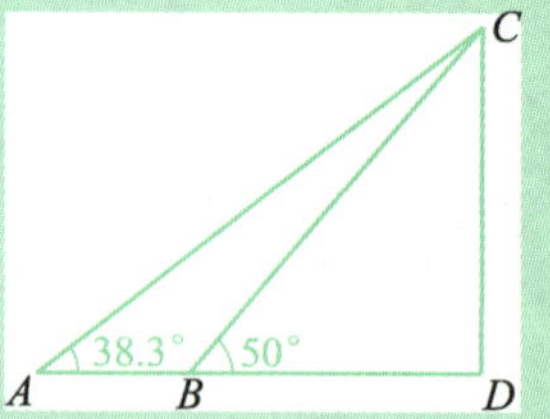

图 1-20

7. 已知作用于点O的两个力F_1和F_2的大小分别是100 N和150 N，夹角为45°，如图1-21所示．求这两个力的合力F的大小和方向．（力精确到1 N，角度精确到1°）

8. 一艘海轮从海岛A出发，沿北偏东75°的方向航行67.5 km后到达海岛B，然后从海岛B出发，沿北偏东32°的方向航行54.0 km后到达海岛C，如图1-22所示．如果下次航行直接从海岛A出发去往海岛C，此船应该沿怎样的方向航行，需要航行多少距离？（角度精确到1°，距离精确到0.01 km）

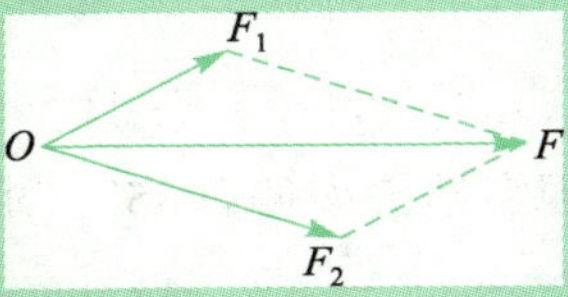

图 1-21

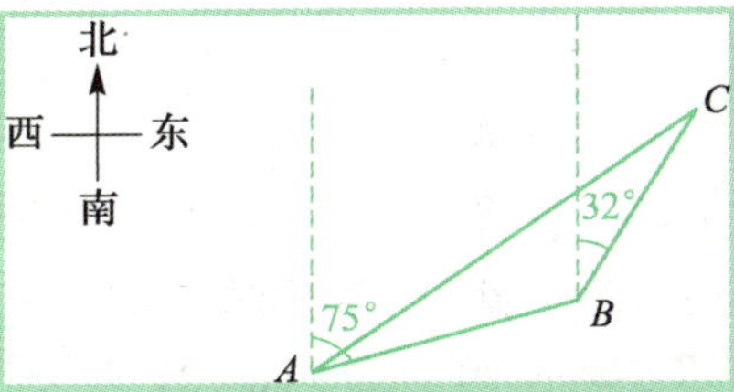

图 1-22

复习题 1

1．填空题

（1） $\sin 54^\circ\cos 66^\circ+\cos 54^\circ\sin 66^\circ=$______.

（2）已知 $\cos\alpha=-\dfrac{4}{5}$， $\alpha\in(\dfrac{\pi}{2},\pi)$，则 $\cos(\dfrac{\pi}{2}+\alpha)=$______.

（3）已知 $\sin\alpha+\cos\alpha=\dfrac{1}{3}$，则 $\sin 2\alpha=$______.

（4）已知 $\cos\alpha=\dfrac{4}{5}$， $\alpha\in(-\dfrac{\pi}{2},0)$，则 $\tan 2\alpha=$______.

（5）用“五点法”作图时，正弦型函数 $y=2\sin(3x+\dfrac{\pi}{4})$ 一个周期内图像对应的五个关键点分别为______________________.

（6）在 $\triangle ABC$ 中，已知 $b=2a\sin B$，则 $\angle A=$______.

（7）在 $\triangle ABC$ 中，已知 $a=9$， $b=10$， $c=12$，则 $\angle C=$______.

2．选择题

（1）已知 $\sin\alpha=\dfrac{\sqrt{5}}{5}$， $\alpha\in(0,\dfrac{\pi}{6})$，则 $\tan(\dfrac{\pi}{3}+\alpha)=$（　　）.

A. $\dfrac{\sqrt{2}}{10}$　　B. $-\dfrac{\sqrt{2}}{10}$　　C. $\dfrac{\sqrt{2}}{5}$　　D. $-\dfrac{\sqrt{2}}{5}$

（2）如果 x 是锐角，那么 $\sin x+\cos x$ 的取值范围是（　　）.

A. $[1,\sqrt{2}]$　　B. $[-\sqrt{2},-1]$

C. $[0,1]$　　D. $[0,-1]$

（3）已知 $\sin\dfrac{\alpha}{2}=-\dfrac{7}{25}$， $\cos\dfrac{\alpha}{2}=-\dfrac{24}{25}$，则角 α 是（　　）.

A. 第一象限角　　B. 第二象限角

C. 第三象限角　　D. 第四象限角

（4）已知 $\cos 2\alpha = \dfrac{\sqrt{2}}{3}$，则 $\sin^4\alpha + \cos^4\alpha = ($　　$)$.

A. $\dfrac{13}{18}$　　B. $\dfrac{11}{18}$　　C. $\dfrac{7}{9}$　　D. -1

（5）在函数 $y = \sin(2x + \dfrac{\pi}{3})$，$y = \cos(2x + \dfrac{\pi}{3})$，$y = \sin|x|$，$y = |\sin x|$ 中，最小正周期为 π 的函数的个数为（　　）.

A. 1 个　　B. 2 个　　C. 3 个　　D. 4 个

（6）函数 $y = 2\sin(5x - \dfrac{\pi}{4})$ 的频率和初相分别为（　　）.

A. $\dfrac{2\pi}{5}$ 和 $\dfrac{\pi}{4}$　　B. $\dfrac{5\pi}{2}$ 和 $-\dfrac{\pi}{4}$

C. $\dfrac{5\pi}{2}$ 和 $\dfrac{\pi}{4}$　　D. $\dfrac{2\pi}{5}$ 和 $-\dfrac{\pi}{4}$

（7）在 $\triangle ABC$ 中，已知 $b = 2$，$\angle B = 30°$，$\angle C = 135°$，则 $a = ($　　$)$.

A. $\sqrt{6} + \sqrt{2}$　　B. $\sqrt{6} - \sqrt{2}$

C. $\sqrt{3} - \sqrt{2}$　　D. $\sqrt{3} + \sqrt{2}$

（8）边长为 5，7，8 的三角形的最大角与最小角的和是（　　）.

A. $90°$　　B. $120°$

C. $135°$　　D. $150°$

3. 在 $\triangle ABC$ 中，已知 $\cos A = \dfrac{5}{13}$，$\cos B = \dfrac{3}{5}$，求 $\cos C$ 的值.

4. 已知 $\sin\alpha = \dfrac{2}{3}$，$\cos\beta = -\dfrac{3}{4}$，且 α，β 都是第二象限角，求 $\sin(\alpha - \beta)$ 的值.

5. 已知 $\tan\alpha = \dfrac{1}{2}$，$\tan\beta = \dfrac{1}{3}$，且 α，β 都是锐角，求证：$\alpha + \beta = \dfrac{\pi}{4}$.

6. 已知 $\sin\alpha = \dfrac{4}{5}$，且 α 是第二象限角，求 $\sin 2\alpha$，$\cos 2\alpha$ 和 $\tan 2\alpha$ 的值.

7. 已知 $\tan\alpha = \dfrac{1}{7}$，$\tan\beta = \dfrac{1}{3}$，求 $\tan(\alpha + 2\beta)$ 的值.

8. 求函数 $y = 2\sin(\dfrac{x}{4} - \dfrac{\pi}{3})$ 的周期，并指出当 x 为何值时，函数取得最大值和最小值.

9. 利用“五点法”作出下列函数在一个周期内的图像.

（1）$y=\frac{1}{2}\sin(3x+\frac{\pi}{5})$；　　（2）$y=\cos 4x+\sqrt{3}\sin 4x$.

10．如图 1-23 所示，已知交流电的电流强度 i（A）与时间 t（s）满足函数解析式 $i=A\sin(\omega t+\varphi)$，其中 $A>0$，$\omega>0$，$0<\varphi<\pi$.

（1）试写出函数解析式；

（2）当 $t=0$，$\frac{1}{10}$，$\frac{1}{30}$ 时，求电流 i.

11．如图 1-24 所示，一架飞机在海拔 8 000 m 的高空飞行，在 A 点测出前下方 B 岛和 C 岛的俯角分别是 27° 和 39°，求 B，C 两岛间的距离.（精确到 1 m）

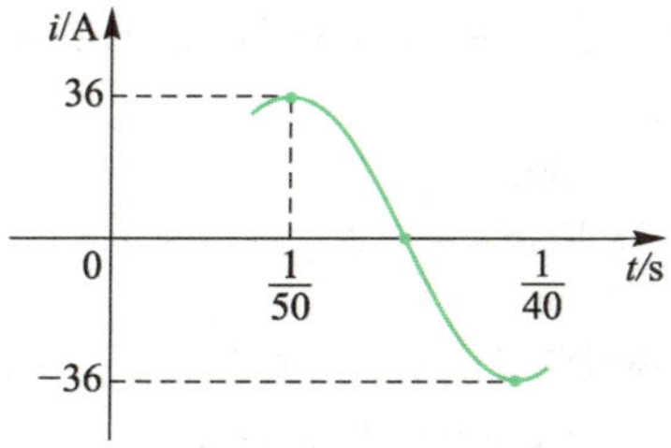

图 1-23

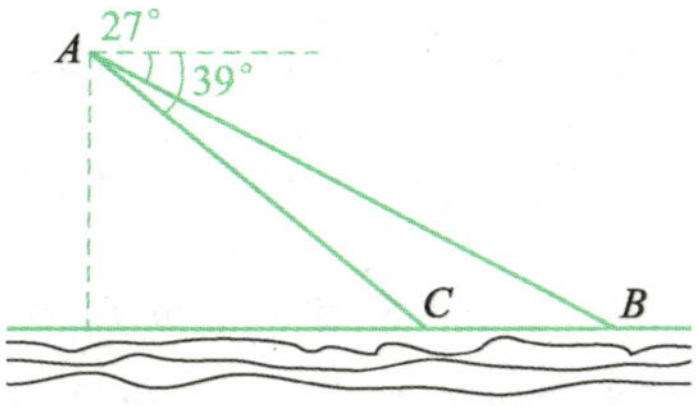

图 1-24

12．如图 1-25 所示，在气象台 A 正西方 240 km 处有一台风中心 B，该台风中心以每小时 20 km 的速度沿北偏东 60° 的方向移动，在距离台风中心 130 km 内的地方都要受其影响．台风中心在移动过程中，与气象台 A 的最短距离是多少？（精确到 1 km）

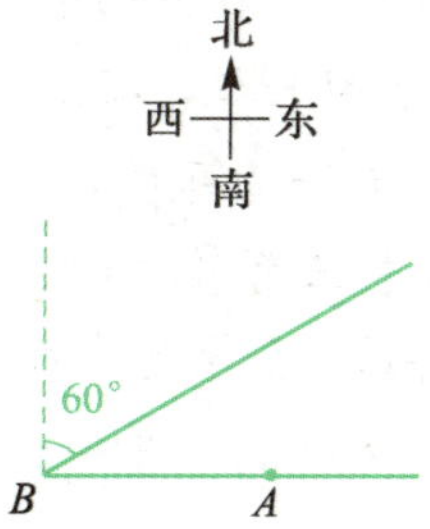

图 1-25

趣味阅读

海伦公式与“三斜求积”公式

在解三角形的相关问题中，其中一个比较困难的问题就是如何由三角形的三边 a，b，c 直接求出三角形的面积.

◈ 1. 海伦公式

据说古希腊数学家阿基米德是世界上最先解决根据三角形三边求面积这个问题的，他得到了公式

$$S=\sqrt{p(p-a)(p-b)(p-c)}\text{，这里 } p=\frac{1}{2}(a+b+c).$$

但现在人们常常以古希腊数学家海伦（Heron）命名这个公式，称此公式为“海伦公式”. 因为这个公式最早出现在海伦的著作“测地术”中，并在海伦的著作《测量仪器》和《度量术》中给出证明. 海伦公式的特点是形式漂亮，便于记忆.

◈ 2. “三斜求积”公式

秦九韶，
（约 1202～1261 年），
南宋数学家

我国南宋著名数学家秦九韶也发现了由三角形三边求面积的公式，他把这种方法称为“三斜求积”. 在他的著作《数学九章》卷五“田域类”里有一个题目：“问有沙田一段，有三斜. 其小斜一十三里，中斜一十四里，大斜一十五里. 里法三百步. 欲知为田几何.”这道题实际上就是已知三角形的三边，求三角形的面积.《数学九章》中的求法是：“以小斜幂并大斜幂减中斜幂，余半之，自乘于上. 以小斜幂乘大斜幂减上，余四约之，为实. 一为从隅，开平方得积.”如果把这段文字写成公式，就是

$$S=\sqrt{\frac{1}{4}[c^2a^2-(\frac{c^2+a^2-b^2}{2})^2]}.$$

秦九韶独立地推出了“三斜求积”公式，填补了我国传统数学的一个空白，从中可以看出我国古代已具有很高的数学水平.

秦九韶是我国古代数学家的杰出代表之一，他的《数学九章》概括了宋元时期中国传统数学的主要成就，尤其是系统总结和发展了高次方

程的数值解法与一次同余问题的解法，提出了相当完备的“正负开方术”和“大衍求一术”，对数学发展产生了广泛的影响．秦九韶是一位既重视理论又重视实践、即善于继承又勇于创新的数学家，他被国外科学家称为是“他那个民族，那个时代，并且确实也是所有时代最伟大的数学家之一”．

“三斜求积”公式和海伦公式的提出为三角形和多边形的面积计算提供了新的方法和思路，在知道三角形三边的长而不知道高的情况下，使用“三斜求积”公式或海伦公式可以更快更简便地求出面积．

第 2 章　椭圆、双曲线、抛物线

椭圆、双曲线、抛物线广泛应用于生活和科学研究中，如人造卫星的轨道是椭圆；发电厂冷却塔的轴截面曲线是双曲线；探照灯反光面的轴截面曲线是抛物线．

本章主要介绍椭圆、双曲线、抛物线的概念、标准方程、性质及应用，提高数学思维能力和利用“解析法”解决问题的能力．

2.1　椭圆

2.1.1　椭圆的定义和标准方程

1．椭圆的定义

如图 2-1 所示，取一条定长的细绳，把它的两端固定在画图板上的 F_1 和 F_2 两点，当绳长大于 F_1，F_2 间的距离时，用铅笔尖把绳子拉紧，笔尖（即动点 M）顺势在图板上移动一周，所画出的曲线就是一个椭圆．

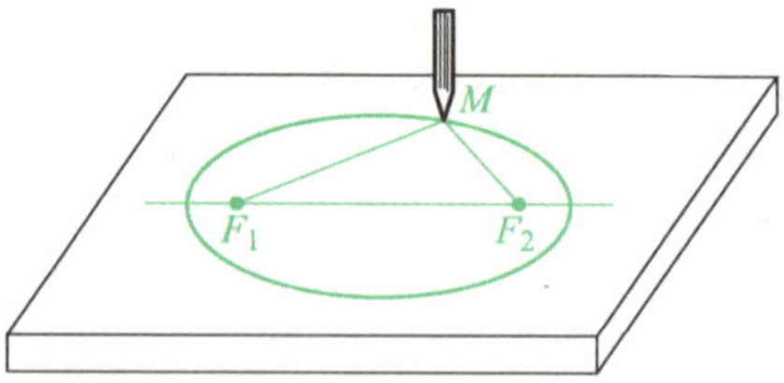

图 2-1

想一想

定义中为什么要强调常数大于 $|F_1F_2|$ 呢？当常数等于 $|F_1F_2|$ 或小于 $|F_1F_2|$ 时，点的轨迹又会怎样呢？

由绘图过程可以看出，椭圆上的点与两定点 F_1，F_2 的距离之和等于定长．

一般地，平面内与两个定点 F_1，F_2 的距离之和等于常数（大于 $|F_1F_2|$）的点的轨迹叫做**椭圆**．这两个定点 F_1，F_2 叫做**椭圆的焦点**，两

焦点间的距离叫做椭圆的焦距.

2. 椭圆的标准方程

如图 2-2 所示，以经过椭圆两焦点 F_1，F_2 的直线为 x 轴，线段 F_1F_2 的垂直平分线为 y 轴，建立平面直角坐标系 xOy .

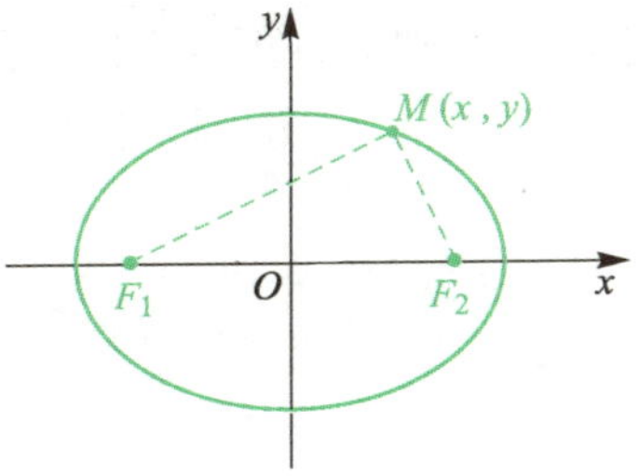

图 2-2

设椭圆的焦距是 $2c$（$c>0$），则两个焦点的坐标分别为 $F_1(-c,0)$，$F_2(c,0)$. 设 $M(x,y)$ 为椭圆上任意一点，点 M 到焦点 F_1，F_2 的距离之和为 $2a$（$a>c$），则

$$|MF_1|+|MF_2|=2a .$$

因

$$|MF_1|=\sqrt{(x+c)^2+y^2}，|MF_2|=\sqrt{(x-c)^2+y^2}，$$

所以

$$\sqrt{(x+c)^2+y^2}+\sqrt{(x-c)^2+y^2}=2a，$$

移项，得

$$\sqrt{(x+c)^2+y^2}=2a-\sqrt{(x-c)^2+y^2}，$$

两边分别平方，得

$$(x+c)^2+y^2=4a^2-4a\sqrt{(x-c)^2+y^2}+(x-c)^2+y^2，$$

整理，得

$$a^2-cx=a\sqrt{(x-c)^2+y^2}，$$

两边分别平方，得

$$a^4-2a^2cx+c^2x^2=a^2x^2-2a^2cx+a^2c^2+a^2y^2，$$

整理，得

$$(a^2-c^2)x^2+a^2y^2=a^2(a^2-c^2) .$$

由椭圆的定义可知，$2a>2c$，即 $a>c$，所以 $a^2-c^2>0$.

令 $a^2-c^2=b^2\ (b>0)$，则上述方程变形为

> **提示**
> 令 $a^2-c^2=b^2$ 不仅可以使方程变得简单整齐，同时在下一节讨论椭圆的几何性质时，将会看到它的明确的几何意义.

$$b^2x^2+a^2y^2=a^2b^2,$$

两边同时除以 a^2b^2，得

$$\frac{x^2}{a^2}+\frac{y^2}{b^2}=1\,(a>b>0).$$

这个方程称为**椭圆的标准方程**，它表示焦点在 x 轴上，中心在坐标原点，焦点坐标为 $F_1(-c,0)$，$F_2(c,0)$ 的椭圆，其中 $c^2=a^2-b^2$.

若坐标系的选取不同，椭圆的方程也不同．如图 2-3 所示，若椭圆的焦点 F_1，F_2 在 y 轴上，点 F_1，F_2 的坐标分别为 $F_1(0,-c)$，$F_2(0,c)$，则椭圆的标准方程为

$$\frac{y^2}{a^2}+\frac{x^2}{b^2}=1\,(a>b>0).$$

练一练

试着写出椭圆方程 $\frac{y^2}{a^2}+\frac{x^2}{b^2}=1$ $(a>b>0)$ 的推导过程.

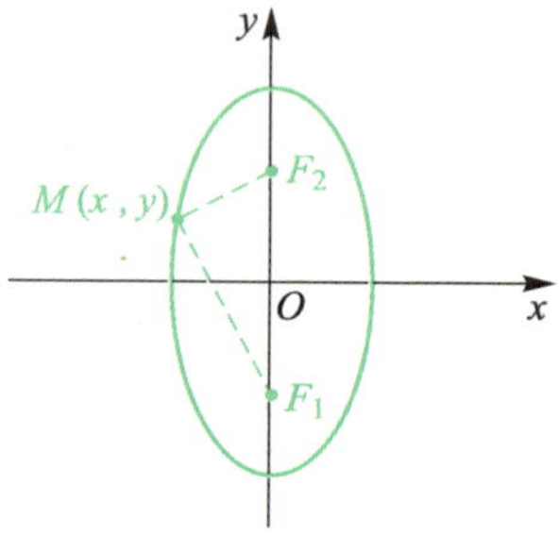

图 2-3

这个方程也称为**椭圆的标准方程**，其中 $c^2=a^2-b^2$.

◇ 例题解析

例 1 求下列椭圆的焦点坐标.

（1）$\frac{x^2}{36}+\frac{y^2}{9}=1$；　　（2）$8x^2+3y^2=24$.

解 （1）因已知椭圆方程为标准方程，且 $36>9$，所以这个椭圆的焦点在 x 轴上，且 $a^2=36$，$b^2=9$.

因

$$c=\sqrt{a^2-b^2}=\sqrt{36-9}=3\sqrt{3},$$

所以，该椭圆的焦点坐标为 $(-3\sqrt{3},0)$，$(3\sqrt{3},0)$.

（2）将已知椭圆方程化为标准方程，得

$$\frac{x^2}{3}+\frac{y^2}{8}=1.$$

因 $8>3$，所以这个椭圆的焦点在 y 轴上，且 $a^2=8$，$b^2=3$.

提示

求椭圆的焦点坐标时，要注意焦点是在 x 轴上还是 y 轴上.

因

$$c=\sqrt{a^2-b^2}=\sqrt{8-3}=\sqrt{5}\,,$$

所以，该椭圆的焦点坐标为 $(0,-\sqrt{5})$，$(0,\sqrt{5})$.

例 2　求满足下列条件的椭圆的标准方程.

（1）两个焦点的坐标分别为 $(-4,0)$，$(4,0)$，椭圆上一点 P 到两焦点的距离之和等于 10；

（2）两个焦点的坐标分别为 $(0,-3)$，$(0,3)$，且经过点 $(\sqrt{2},2)$.

解　（1）因椭圆的焦点在 x 轴上，所以设它的标准方程为

$$\frac{x^2}{a^2}+\frac{y^2}{b^2}=1\,(a>b>0)\,.$$

因

$$2a=10\,,$$

所以

$$a=5\,.$$

又

$$c=4\,,$$

所以

$$b^2=a^2-c^2=5^2-4^2=9\,.$$

故所求椭圆的标准方程为 $\dfrac{x^2}{25}+\dfrac{y^2}{9}=1$.

（2）因椭圆的焦点在 y 轴上，所以设它的标准方程为

$$\frac{y^2}{a^2}+\frac{x^2}{b^2}=1\,(a>b>0)\,.$$

由椭圆的定义可知

$$2a=\sqrt{(\sqrt{2})^2+(2+3)^2}+\sqrt{(\sqrt{2})^2+(2-3)^2}=4\sqrt{3}\,,$$

即

$$a=2\sqrt{3}\,.$$

因

$$c=3\,,$$

所以

$$b^2=a^2-c^2=(2\sqrt{3})^2-3^2=3\,.$$

故所求椭圆的标准方程为 $\dfrac{y^2}{12}+\dfrac{x^2}{3}=1$.

2.1.2 椭圆的性质

以椭圆 $\frac{x^2}{a^2}+\frac{y^2}{b^2}=1\,(a>b>0)$ 为例研究椭圆的几何性质.

1. 范围

由椭圆方程 $\frac{x^2}{a^2}+\frac{y^2}{b^2}=1\,(a>b>0)$ 可知，椭圆上任意一点的坐标 (x, y) 都满足不等式

$$\frac{x^2}{a^2}\leqslant 1，\ \frac{y^2}{b^2}\leqslant 1，$$

即

$$-a\leqslant x\leqslant a，\ -b\leqslant y\leqslant b .$$

这说明椭圆 $\frac{x^2}{a^2}+\frac{y^2}{b^2}=1\,(a>b>0)$ 位于直线 $x=\pm a$ 和 $y=\pm b$ 所围成的矩形里，如图 2-4 所示.

例如，椭圆 $\frac{x^2}{25}+\frac{y^2}{9}=1$ 位于直线 $x=\pm 5$ 和 $y=\pm 3$ 所围成的矩形里，如图 2-5 所示.

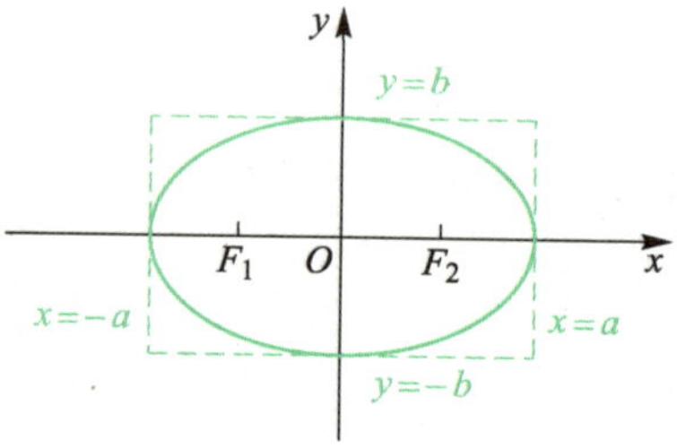

图 2-4

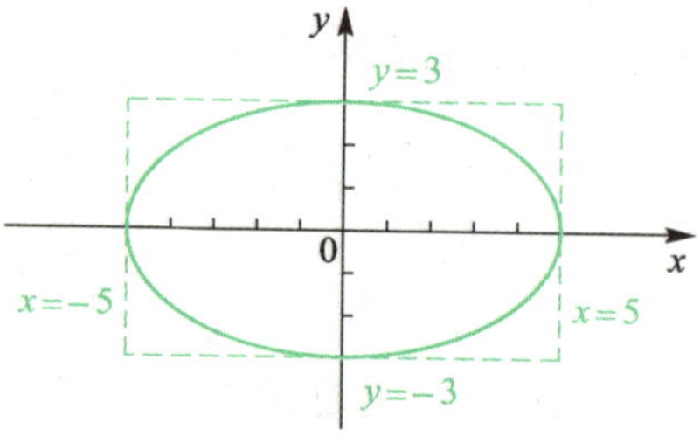

图 2-5

2. 对称性

在椭圆 $\frac{x^2}{a^2}+\frac{y^2}{b^2}=1\,(a>b>0)$ 中，把 x 换成 $-x$，方程不变，这说明当点 $P(x, y)$ 在椭圆上时，它关于 y 轴的对称点 $P'(-x, y)$ 也在椭圆上，所以椭圆关于 y 轴对称；同理，把 y 换成 $-y$，方程不变，椭圆关于 x 轴对称；同理，把 x，y 分别换成 $-x$，$-y$，方程也不变，椭圆关于原点对称.

综上可知，椭圆既是分别以 x 轴、y 轴为对称轴的轴对称图形，又是以原点为对称中心的中心对称图形．椭圆的对称中心叫做椭圆的中心．

3．顶点

在椭圆 $\dfrac{x^2}{a^2}+\dfrac{y^2}{b^2}=1\,(a>b>0)$ 中，令 $x=0$，解得 $y=\pm b$，这说明点 $B_1(0,-b)$，$B_2(0,b)$ 是椭圆与 y 轴的两个交点；同理，令 $y=0$，解得 $x=\pm a$，这说明点 $A_1(-a,0)$，$A_2(a,0)$ 是椭圆与 x 轴的两个交点，如图 2-6 所示．

> **提示**
>
> 要确定椭圆在坐标系中的位置，常常需要求出椭圆的顶点坐标．

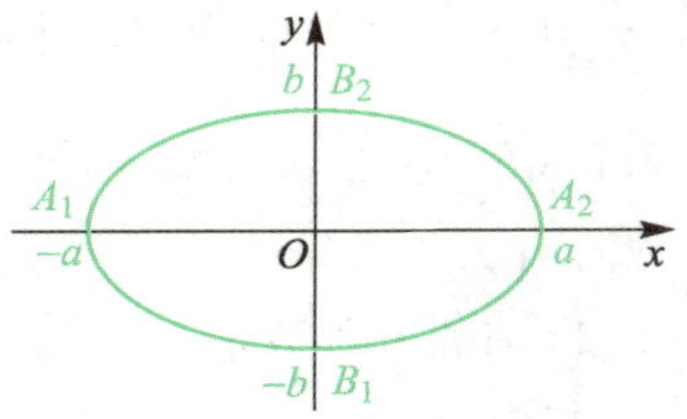

图 2-6

因为 x 轴和 y 轴是椭圆的对称轴，所以椭圆与它的对称轴有 4 个交点 A_1，A_2，B_1，B_2，这 4 个交点叫做椭圆的顶点．

线段 A_1A_2，B_1B_2 分别叫做椭圆的长轴和短轴．它们的长分别等于 $2a$，$2b$，a 和 b 分别叫做椭圆的长半轴长和短半轴长．

例如，椭圆 $\dfrac{x^2}{25}+\dfrac{y^2}{9}=1$ 的四个顶点的坐标分别为 $(-5,0)$，$(5,0)$，$(0,-3)$，$(0,3)$，长轴长为 10，短轴长为 6．

4．离心率

椭圆的焦距与长轴长的比 $\dfrac{c}{a}$ 叫做椭圆的离心率，用 e 表示，即

$$e=\frac{c}{a}.$$

因为 $a>c>0$，所以 $0<e<1$．

e 越接近于 1，则 c 越接近于 a，从而 $b=\sqrt{a^2-c^2}$ 越小，椭圆越扁；反之，e 越接近于 0，则 c 越接近于 0，从而 b 越接近于 a，椭圆就越接近于圆．

> **注意**
>
> 当且仅当 $a=b$ 时，$c=0$，两个焦点重合，方程为 $x^2+y^2=a^2$，是一个圆．

例如，椭圆 $\dfrac{x^2}{25}+\dfrac{y^2}{9}=1$ 的离心率为 $\dfrac{4}{5}$．

◈ 例题解析

例 3 求出下列椭圆的长轴长、短轴长、离心率、焦点坐标和顶点坐标，并用“描点法”画出方程（1）的图形.

（1）$4x^2+9y^2=36$；（2）$25x^2+16y^2=400$.

解 （1）把已知椭圆方程化为标准方程，得

$$\frac{x^2}{9}+\frac{y^2}{4}=1,$$

其中，$a=3$，$b=2$，$c=\sqrt{9-4}=\sqrt{5}$.

因此，椭圆的长轴长为 $2a=6$，短轴长为 $2b=4$，离心率为 $e=\frac{c}{a}=\frac{\sqrt{5}}{3}$，两个焦点的坐标分别为 $(-\sqrt{5},0)$，$(\sqrt{5},0)$，四个顶点的坐标分别为 $(-3,0)$，$(3,0)$，$(0,-2)$，$(0,2)$.

为画此椭圆的图形，将椭圆方程变形为

$$y=\pm\frac{2}{3}\sqrt{9-x^2}\ (-3\leqslant x\leqslant 3).$$

求出椭圆的两个顶点及在第一象限范围内的一些点的坐标 (x,y)，如表 2-1 所示.

表 2-1

x	0	0.5	1	1.5	2	2.5	3
y	2	1.97	1.89	1.73	1.49	1.11	0

首先描点并用光滑的曲线顺次连接这些点，可得椭圆在第一象限内的图像，然后利用椭圆的对称性画出整个椭圆，如图 2-7 所示.

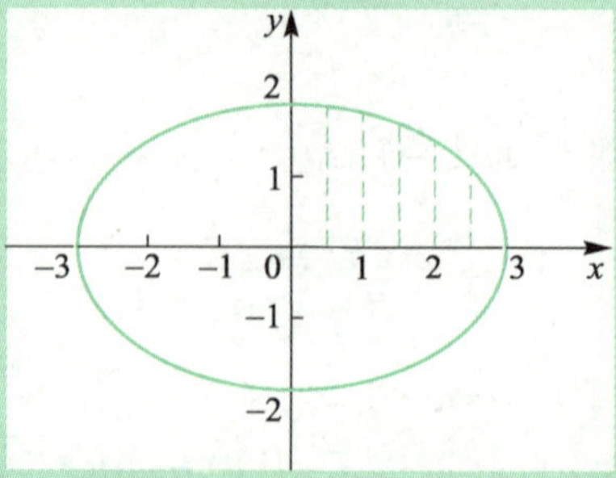

图 2-7

（2）把已知椭圆方程化为标准方程，得

$$\frac{y^2}{25}+\frac{x^2}{16}=1,$$

其中，$a=5$，$b=4$，$c=\sqrt{25-16}=3$.

因此，椭圆的长轴长为 $2a=10$，短轴长为 $2b=8$，离心率为 $e=\frac{c}{a}=\frac{3}{5}$，两个焦点的坐标分别为 $(0,-3)$，$(0,3)$，四个顶点的坐标分别为 $(0,-5)$，$(0,5)$，$(-4,0)$，$(4,0)$.

例 4　求满足下列条件的椭圆的方程.

（1）长轴长为 20，离心率为 $\frac{3}{5}$，焦点在 y 轴上；

（2）长半轴长是短半轴长的 2 倍，且经过点 $P(2,0)$.

解　（1）由已知可得 $2a=20$，$e=\frac{c}{a}=\frac{3}{5}$，则

$$a=10,\quad c=6,$$

所以

$$b^2=a^2-c^2=10^2-6^2=64.$$

因椭圆的焦点在 y 轴上，所以椭圆的标准方程为 $\frac{y^2}{100}+\frac{x^2}{64}=1$.

（2）当焦点在 x 轴上时，由椭圆的性质可知，点 $P(2,0)$ 是椭圆的一个顶点，故 $a=2$.

因长半轴长是短半轴长的 2 倍，所以

$$a=2b,$$

解得

$$b=1.$$

故所求椭圆的标准方程为 $\frac{x^2}{4}+y^2=1$.

当焦点在 y 轴上时，同理可得 $a=4$，$b=2$，故所求椭圆的标准方程为 $\frac{y^2}{16}+\frac{x^2}{4}=1$.

> **注意**
>
> 当椭圆的焦点位置不能确定时，常用分类讨论的方法求标准方程.

例 5　在我国某卫星发射基地升空的“探测一号”赤道星的运行轨道是以地球的中心为一个焦点的椭圆，其近地点与地球表面相距 555 km，远地点与地球表面相距 74 051 km．已知地球半径为 6 371 km，求“探测一号”星运行轨道的近似方程.（长、短半轴长精确到1 km）

分析　设“探测一号”星运行的椭圆形轨道的中心为点 O，地球的

中心为点 F，则椭圆的长轴在直线 OF 上，长轴的两个端点分别是轨道上的近地点和远地点．建立适当的平面直角坐标系，可求得椭圆轨道的标准方程．

解 以“探测一号”星运行的椭圆形轨道的中心 O 为原点，建立如图 2-8 所示的平面直角坐标系 xOy，使地球中心 F 在 x 轴上，则点 $F(c,0)$ 是椭圆的焦点，椭圆与 x 轴的交点 A，B 分别是近地点和远地点．

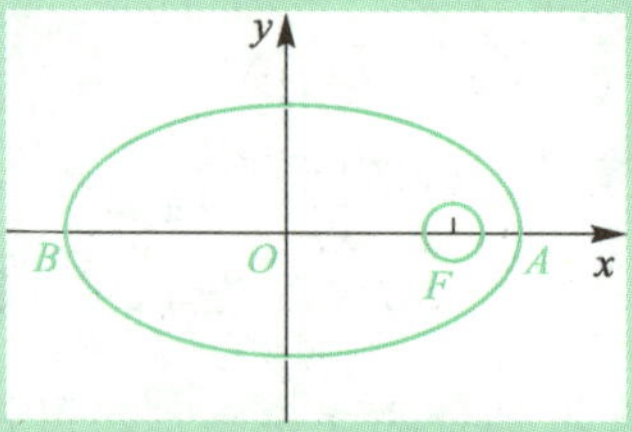

图 2-8

设所求“探测一号”星的运行轨道的方程为

$$\frac{x^2}{a^2}+\frac{y^2}{b^2}=1\,(a>b>0).$$

由已知得

$$a-c=|FA|=6\,371+555=6\,926,$$
$$a+c=|FB|=6\,371+74\,051=80\,422,$$

解得

$$a=43\,674.$$

因

$$b=\sqrt{a^2-c^2}=\sqrt{(a+c)(a-c)}=\sqrt{80\,422\times 6\,926}\approx 23\,601,$$

故“探测一号”星运行轨道的近似方程为 $\dfrac{x^2}{43\,674^2}+\dfrac{y^2}{23\,601^2}=1$.

习题 2.1

1．如果点 $M(x,y)$ 在运动过程中总满足关系式

$$\sqrt{x^2+(y+3)^2}+\sqrt{x^2+(y-3)^2}=10,$$

那么，点 M 的轨迹是什么曲线？为什么？写出它的方程．

2．求满足下列条件的椭圆的方程．

（1）长轴长和短轴长分别为 8，6，焦点在 x 轴上；

（2）经过点 $P(2,0)$，$Q(0,3)$；

（3）一焦点坐标为 $(-3,0)$，一顶点坐标为 $(0,5)$；

（4）焦距为 12，离心率为 0.6，焦点在 x 轴上.

3．求出下列椭圆的长轴长、短轴长、离心率、焦点坐标和顶点坐标，并画出图形.

（1）$x^2+9y^2=81$；　　（2）$25x^2+9y^2=225$；

（3）$16x^2+y^2=25$；　　（4）$4x^2+9y^2=1$.

4．若 $\dfrac{x^2}{2m-1}+\dfrac{y^2}{3-m}=1$ 为椭圆方程，求 m 的取值范围.

5．已知椭圆的一个焦点为 $F(6,0)$，点 B_1，B_2 是短轴的两端点，且 $\triangle FB_1B_2$ 是等边三角形，求这个椭圆的标准方程.

6．如图 2-9 所示，我国发射的第一颗人造地球卫星的运行轨道是以地球的中心 F_2 为一个焦点的椭圆，其近地点 A 与地球表面相距 439 km，远地点 B 与地球表面相距 2 384 km，AB 是椭圆的长轴. 已知地球半径为 6 371 km，求卫星运行的轨道方程.（精确到 1 km）

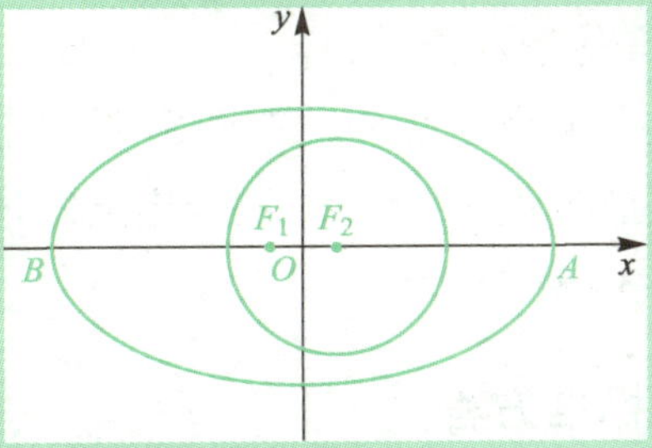

图 2-9

2.2　双曲线

2.2.1　双曲线的定义与标准方程

1．双曲线的定义

用模板做一个演示：如图 2-10 所示，取一条拉链，拉开一部分后将其中的一条剪去一段，然后将拉链的两个端点分别固定在画图板的 F_1，F_2 两点，把笔尖放在点 M 处，当拉链逐渐拉开或闭拢时，笔尖随

点 M 的移动，就画出一条曲线，如图 2-10 中右边的曲线；再把拉链两端点的位置交换，同样可以画出另一支曲线，如图 2-10 中左边的曲线.

这两条曲线合起来就是双曲线，每一条叫做双曲线的一支.

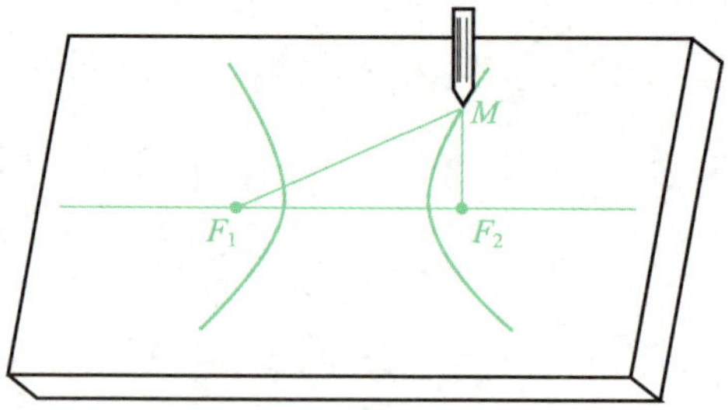

图 2-10

由绘图过程可以看出，双曲线上任意一点 M 到两个定点 F_1， F_2 的距离之差的绝对值都等于剪掉的那段拉链的长度，即双曲线上的点与定点 F_1， F_2 的距离之差等于定长.

一般地，平面内与两个定点 F_1，F_2 的距离的差的绝对值是常数（小于 $|F_1F_2|$）的点的轨迹叫做**双曲线**. 这两个定点 F_1，F_2 叫做**双曲线的焦点**，两焦点间的距离叫做**双曲线的焦距**.

2. 双曲线的标准方程

如图 2-11 所示，以经过双曲线两焦点 F_1， F_2 的直线为 x 轴，线段 F_1F_2 的垂直平分线为 y 轴，建立平面直角坐标系 xOy .

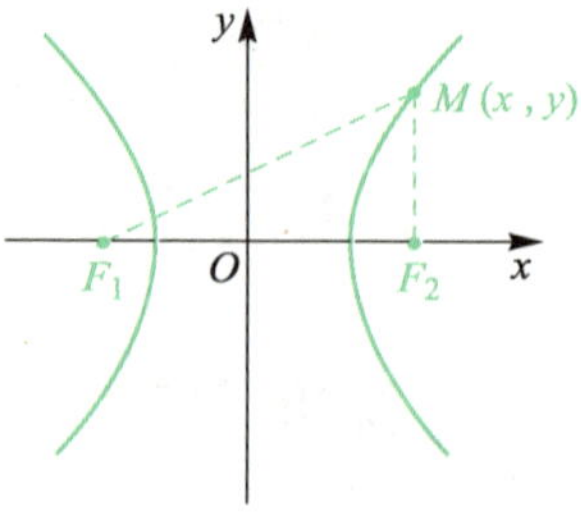

图 2-11

设双曲线的焦距是 $2c$（$c>0$），则两个焦点的坐标分别为 $F_1(-c,0)$，$F_2(c,0)$. 设 $M(x,y)$ 为双曲线上的任意一点，点 M 到焦点 F_1 和 F_2 的距离之差的绝对值为 $2a$（$a<c$），则

$$||MF_1|-|MF_2||=2a .$$

因

$$|MF_1|=\sqrt{(x+c)^2+y^2}，|MF_2|=\sqrt{(x-c)^2+y^2}，$$

所以

$$\left|\sqrt{(x+c)^2+y^2}-\sqrt{(x-c)^2+y^2}\right|=2a .$$

化简并整理，得

$$(c^2-a^2)x^2-a^2y^2=a^2(c^2-a^2) .$$

因 $a<c$，所以

$$c^2-a^2>0 .$$

令 $c^2-a^2=b^2\ (b>0)$，则上述方程变形为

$$b^2x^2-a^2y^2=a^2b^2，$$

两边同时除以 a^2b^2，得

$$\frac{x^2}{a^2}-\frac{y^2}{b^2}=1\ (a>0，b>0) .$$

这个方程称为双曲线的标准方程，它表示焦点在 x 轴上，中心在坐标原点，焦点坐标为 $F_1(-c,0)$，$F_2(c,0)$ 的双曲线，其中 $c^2=a^2+b^2$.

> **注意**
> 在双曲线的标准方程中 $c^2=a^2+b^2$，在椭圆的标准方程中 $c^2=a^2-b^2$，二者不要混淆.

若坐标系的选取不同，双曲线的方程也不同. 如图 2-12 所示，若双曲线的焦点 F_1，F_2 在 y 轴上，点 F_1，F_2 的坐标分别为 $F_1(0,-c)$，$F_2(0,c)$，则双曲线的标准方程为

$$\frac{y^2}{a^2}-\frac{x^2}{b^2}=1\ (a>0，b>0) .$$

> **练一练**
> 试着写出双曲线方程 $\frac{y^2}{a^2}-\frac{x^2}{b^2}=1$ $(a>0，b>0)$ 的推导过程.

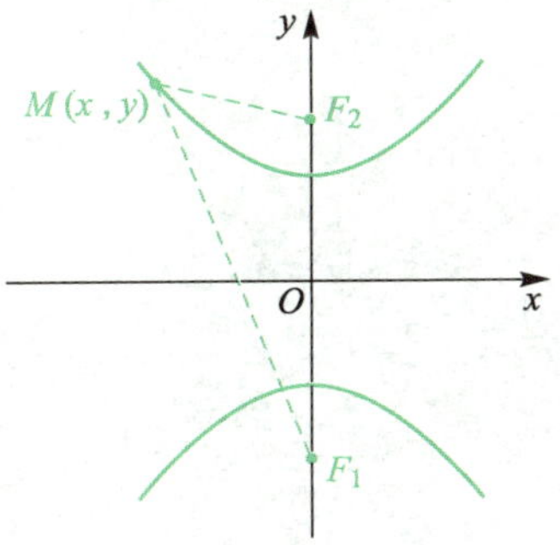

图 2-12

这个方程也称为双曲线的标准方程，其中 $c^2=a^2+b^2$.

◈ 例题解析

例 1 求下列双曲线的焦点坐标和焦距.

（1）$\dfrac{x^2}{144}-\dfrac{y^2}{25}=1$；　　　　（2）$y^2-x^2=4$.

解　（1）由已知双曲线方程可知，这个双曲线的焦点在 x 轴上，且 $a^2=144$，$b^2=25$.

因

$$c=\sqrt{a^2+b^2}=\sqrt{144+25}=13,$$

所以，该双曲线的焦点坐标为 $(-13,0)$，$(13,0)$，焦距为 26.

（2）将已知双曲线方程化为标准方程，得

$$\frac{y^2}{4}-\frac{x^2}{4}=1,$$

所以这个双曲线的焦点在 y 轴上，且 $a^2=4$，$b^2=4$.

因

$$c=\sqrt{a^2+b^2}=\sqrt{4+4}=2\sqrt{2},$$

所以，该椭圆的焦点坐标为 $(0,-2\sqrt{2})$，$(0,2\sqrt{2})$，焦距为 $4\sqrt{2}$.

提示

求双曲线的焦点坐标时，要注意焦点是在 x 轴上还是 y 轴上.

例 2　求满足下列条件的双曲线的标准方程.

（1）焦点 F_1，F_2 的坐标分别为 $(-5,0)$，$(5,0)$，双曲线上一点 P 到焦点 F_1，F_2 的距离的差的绝对值等于 6;

（2）两个焦点的坐标分别为 $(0,-6)$，$(0,6)$，且经过点 $(-5,6)$.

解　（1）因双曲线的焦点在 x 轴上，所以设它的标准方程为

$$\frac{x^2}{a^2}-\frac{y^2}{b^2}=1\,(a>0,\ b>0).$$

因

$$2a=6,\quad c=5,$$

所以

$$a=3,$$

$$b^2=c^2-a^2=5^2-3^2=16.$$

故所求双曲线的标准方程为 $\dfrac{x^2}{9}-\dfrac{y^2}{16}=1$.

（2）因双曲线的焦点在 y 轴上，所以设它的标准方程为

$$\frac{y^2}{a^2}-\frac{x^2}{b^2}=1\,(a>0,\ b>0).$$

由双曲线的定义可知，

$$2a=\left|\sqrt{(-5)^2+(6+6)^2}-\sqrt{(-5)^2+(6-6)^2}\right|=|13-5|=8,$$

则

$$a=4.$$

练一练

尝试用待定系数法求例 2 中问题（2）所求的双曲线标准方程.

因

$$c=6,$$

所以

$$b^2=c^2-a^2=6^2-4^2=20.$$

故所求双曲线的标准方程为 $\dfrac{y^2}{16}-\dfrac{x^2}{20}=1$.

2.2.2　双曲线的性质

以双曲线 $\dfrac{x^2}{a^2}-\dfrac{y^2}{b^2}=1\,(a>0,\ b>0)$ 为例研究双曲线的几何性质.

1. 范围

由双曲线方程 $\dfrac{x^2}{a^2}-\dfrac{y^2}{b^2}=1\,(a>0,\ b>0)$ 可知，双曲线上任意一点的坐标 (x,y) 都满足不等式

$$\frac{x^2}{a^2}=1+\frac{y^2}{b^2}\geqslant 1,$$

即

$$\frac{x^2}{a^2}\geqslant 1,$$

即

$$x\geqslant a \text{ 或 } x\leqslant -a.$$

这说明双曲线 $\dfrac{x^2}{a^2}-\dfrac{y^2}{b^2}=1\,(a>0,\ b>0)$ 位于不等式 $x\geqslant a$ 或 $x\leqslant -a$ 所表示的平面区域内，如图 2-13 所示.

例如，双曲线 $\dfrac{x^2}{9}-\dfrac{y^2}{16}=1$ 位于不等式 $x\geqslant 3$ 和 $x\leqslant -3$ 所表示的平面区域内，如图 2-14 所示.

练一练

试根据研究双曲线 $\dfrac{x^2}{a^2}-\dfrac{y^2}{b^2}=1$ $(a>0,\ b>0)$ 的性质的方法，研究双曲线 $\dfrac{y^2}{a^2}-\dfrac{x^2}{b^2}=1$ $(a>0,\ b>0)$ 的性质.

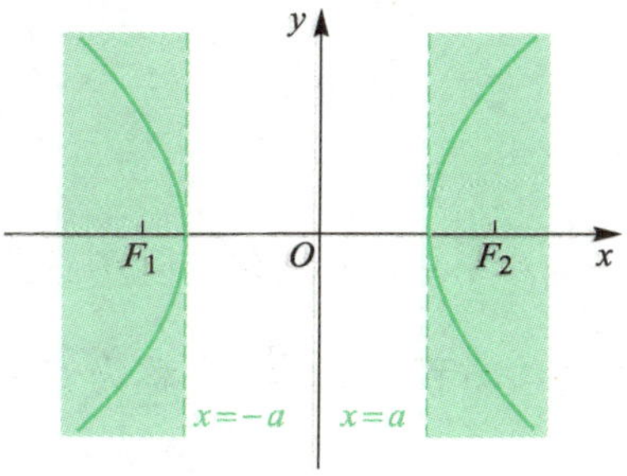

图 2-13

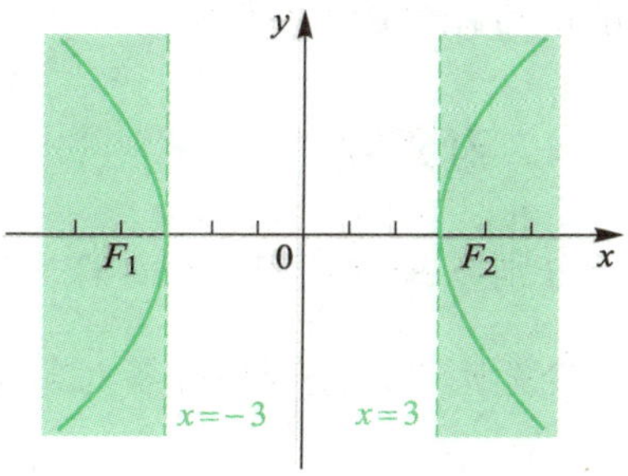

图 2-14

2．对称性

类比研究椭圆 $\dfrac{x^2}{a^2}+\dfrac{y^2}{b^2}=1\,(a>b>0)$ 对称性的方法，容易得到：双曲线既是分别以 x 轴、y 轴为对称轴的轴对称图形，又是以原点为对称中心的中心对称图形．双曲线的对称中心叫做**双曲线的中心**．

3．顶点

在双曲线 $\dfrac{x^2}{a^2}-\dfrac{y^2}{b^2}=1\,(a>0,\ b>0)$ 中，令 $y=0$，解得 $x=\pm a$，这说明点 $A_1(-a,0)$，$A_2(a,0)$ 是双曲线与 x 轴的两个交点；同理，令 $x=0$，得 $y^2=-b^2$，这个方程没有实数根，这说明双曲线与 y 轴没有交点，但我们也把点 $B_1(0,-b)$，$B_2(0,b)$ 画在 y 轴上，如图 2-15 所示．

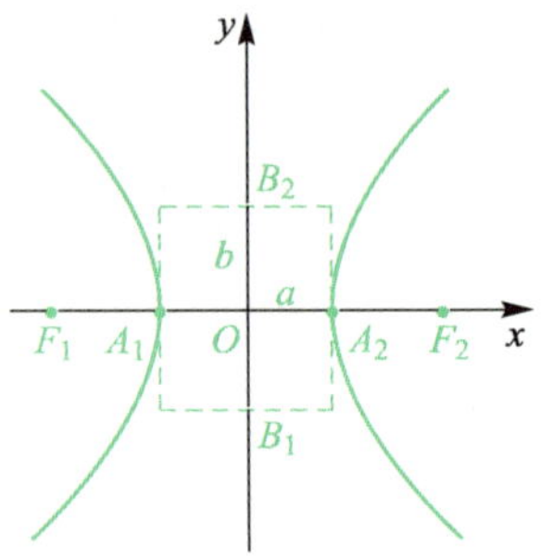

图 2-15

双曲线与 x 轴的两个交点 $A_1(-a,0)$，$A_2(a,0)$ 叫做**双曲线的顶点**．

线段 A_1A_2 叫做**双曲线的实轴**，它的长等于 $2a$，a 叫做**双曲线的实半轴长**；线段 B_1B_2 叫做**双曲线的虚轴**，它的长等于 $2b$，b 叫做**双曲线的虚半轴长**．

例如，双曲线 $\dfrac{x^2}{9}-\dfrac{y^2}{16}=1$ 的两个顶点的坐标分别为 $(-3,0)$，$(3,0)$，实轴长为 6，虚轴长为 8．

> **提示**
> 双曲线的渐近线方程不用死记硬背，可由双曲线的标准方程求得．

4．渐近线

分别以 $x=\pm a$ 和 $y=\pm b$ 作平行于 y 轴和 x 轴的平行线，四条直线围成一个矩形，把矩形的两条对角线所在直线方程 $y=\pm\dfrac{b}{a}x$，称为双曲线

$\frac{x^2}{a^2}-\frac{y^2}{b^2}=1\,(a>0,\ b>0)$ 的**渐近线**，如图 2-17 所示.

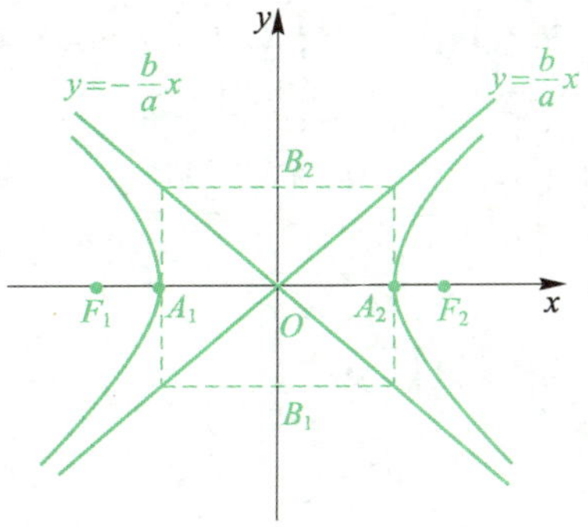

图 2-17

> **注意**
> 当双曲线的两支分别向左、右无限延伸时，双曲线逐渐接近渐近线，但永不相交.

例如，双曲线 $\frac{x^2}{9}-\frac{y^2}{16}=1$ 的渐近线为直线 $y=\pm\frac{4}{3}x$.

当 $a=b$ 时，双曲线方程 $\frac{x^2}{a^2}-\frac{y^2}{b^2}=1$ 可写作 $x^2-y^2=a^2$，这样的双曲线叫做**等轴双曲线**. 等轴双曲线的实轴和虚轴的长都等于 $2a$，渐近线方程为 $y=\pm x$，它们互相垂直，且平分双曲线实轴和虚轴所成的角.

5. 离心率

与椭圆类似，双曲线的焦距与实轴长的比 $\frac{c}{a}$ 叫做**双曲线的离心率**，用 e 表示，即

$$e=\frac{c}{a}.$$

因为 $c>a>0$，所以 $e>1$.

因 $c^2=a^2+b^2$，故

$$\frac{b}{a}=\frac{\sqrt{c^2-a^2}}{a}=\sqrt{\frac{c^2}{a^2}-1}=\sqrt{e^2-1}.$$

由此可知，e 越大，则 $\frac{b}{a}$ 越大，即渐近线 $y=\pm\frac{b}{a}x$ 的斜率的绝对值越大，这时双曲线的形状就从扁狭逐渐变得开阔，故双曲线的离心率越大，它的开口就越开阔.

◈ 例题解析

例 3 求双曲线 $9x^2-16y^2=144$ 的实半轴长、虚半轴长、离心率和渐近线方程，并用“描点法”画出它的图形．

解 把已知双曲线方程化为标准方程，得

$$\frac{x^2}{16}-\frac{y^2}{9}=1,$$

其中，$a=4$，$b=3$，$c=\sqrt{16+9}=5$．

因此，双曲线的实半轴长为 4，虚半轴长为 3，离心率为 $e=\frac{c}{a}=\frac{5}{4}$，渐近线方程为 $y=\pm\frac{3}{4}x$．

为画此双曲线的图形，将双曲线方程变形为

$$y=\pm\frac{3}{4}\sqrt{x^2-16}\ (x>4\text{或}x<-4).$$

求出双曲线的一个顶点及其在第一象限范围内的一些点的坐标 (x,y)，如表 2-2 所示．

表 2-2

x	4	5	6	7	8	9	10
y	0	2.25	3.35	4.31	5.20	6.05	6.87

首先描点并用光滑的曲线顺次连接这些点，可得双曲线在第一象限内的图像，然后利用双曲线的对称性画出整个双曲线，如图 2-17 所示．

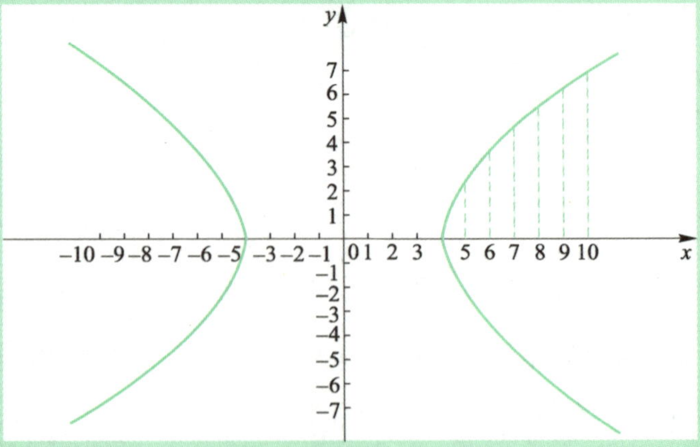

图 2-17

例 4　求满足下列条件的双曲线的方程.

（1）实轴长为 8，离心率为 2，焦点在 y 轴上；

（2）一个焦点是 $F_2(-13,0)$，一条渐近线方程为 $5x+12y=0$.

解　（1）因 $2a=8$，所以 $a=4$，又 $e=\dfrac{c}{a}=2$，所以 $c=8$，故

$$b^2=c^2-a^2=8^2-4^2=48.$$

因双曲线的焦点在 y 轴上，所以双曲线的标准方程为 $\dfrac{y^2}{16}-\dfrac{x^2}{48}=1$.

（2）因双曲线的焦点在 x 轴上，所以设它的标准方程为

$$\frac{x^2}{a^2}-\frac{y^2}{b^2}=1\,(a>0,\ b>0).$$

因双曲线的一个焦点坐标为 $F_2(-13,0)$，一条渐近线方程为 $5x+12y=0$，所以

$$\begin{cases}\dfrac{b}{a}=\dfrac{5}{12}\\ c^2=a^2+b^2=13^2\end{cases},$$

解得

$$\begin{cases}a^2=144\\ b^2=25\end{cases}.$$

故所求双曲线的标准方程为 $\dfrac{x^2}{144}-\dfrac{y^2}{25}=1$.

例 5　双曲线型冷却塔的外形是双曲线的一部分绕其中轴（即双曲线的虚轴）旋转所成的曲面，如图 2-18（a）所示，它的最小半径为 12 m，上口半径为 13 m，下口半径为 25 m，高为 55 m．在如图 2-18（b）所示的平面直角坐标系中，求双曲线的标准方程.（精确到 1 m）

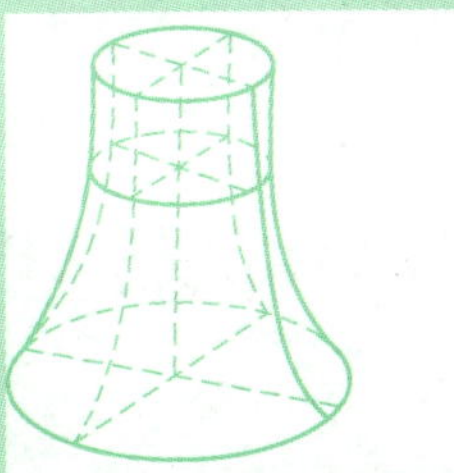

（a）

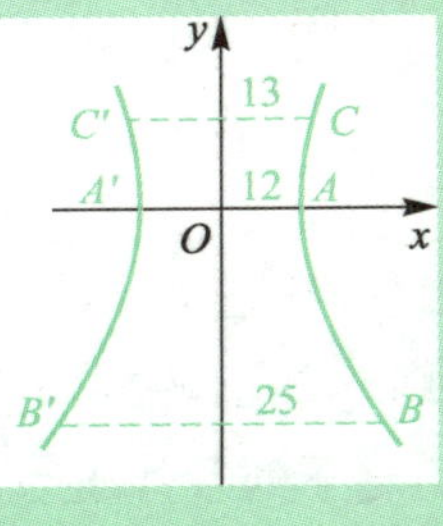

（b）

图 2-18

分析　如图 2-18（b）所示的平面直角坐标系的 y 轴是双曲线的虚

轴，原点是冷却塔最小圆的圆心，x 轴是最小圆的直径所在的直线．由此可知，坐标轴是双曲线的对称轴，最小圆的直径 AA' 的端点 A， A' 是双曲线的顶点．

解 在给定的平面直角坐标系中，设双曲线的标准方程为

$$\frac{x^2}{a^2}-\frac{y^2}{b^2}=1\,(a>0,\ b>0).$$

因为冷却塔的最小半径为 12 m，上口半径为 13 m，下口半径为 25 m，所以 $a=12$，点 B，C 的横坐标为 25，13.

设点 B，C 的纵坐标分别为 y_1，y_2，其中 $y_1<0$，$y_2>0$．因为点 $B(25,y_1)$，$C(13,y_2)$ 在双曲线上，所以

$$\begin{cases}\dfrac{25^2}{12^2}-\dfrac{{y_1}^2}{b^2}=1\\[2mm]\dfrac{13^2}{12^2}-\dfrac{{y_2}^2}{b^2}=1\end{cases},$$

解得

$$\begin{cases}y_1=-\dfrac{b}{12}\sqrt{25^2-12^2}=-\dfrac{\sqrt{481}}{12}b\\[2mm]y_2=\dfrac{b}{12}\sqrt{13^2-12^2}=\dfrac{5}{12}b\end{cases}.$$

因冷却塔高为 55 m，所以 $y_2-y_1=55$，即

$$\frac{5}{12}b+\frac{\sqrt{481}}{12}b=55,$$

解得

$$b\approx 24.5.$$

故所求双曲线的标准方程为 $\dfrac{x^2}{12^2}-\dfrac{y^2}{24.5^2}=1$.

习题 2.2

1．如果双曲线 $4x^2-y^2=64$ 上一点 P 到焦点 F_1 的距离为 1，那么点 P 到另一个焦点 F_2 的距离为________.

2．求满足下列条件的双曲线的标准方程.

（1）$a=4$，$b=2$；

（2）两个焦点的坐标分别为 $(0,-6)$，$(0,6)$，且经过点 $(2,-5)$；

（3）顶点在 x 轴上，两顶点间的距离为 10，离心率为 $\dfrac{13}{5}$；

（4）焦点在 y 轴上，焦距为16，离心率为 $\frac{4}{3}$．

3．求下列双曲线的实半轴长、虚半轴长、离心率和渐近线方程，并画出图形．

（1）$27x^2-y^2=3$；　　　　（2）$x^2-y^2=-16$．

4．等轴双曲线的一个焦点为 $F_1(-6,0)$，求这个双曲线的标准方程和渐近线方程．

5．若方程 $\frac{x^2}{2+m}+\frac{y^2}{m+1}=1$ 表示双曲线，求 m 的取值范围．

6．求与椭圆 $\frac{x^2}{64}+\frac{y^2}{36}=1$ 有相同焦点，且离心率为 $\frac{5}{4}$ 的双曲线方程．

7．求过点 $(2,-2)$，且与双曲线 $\frac{x^2}{2}-y^2=1$ 有公共渐近线的双曲线方程．

2.3　抛物线

2.3.1　抛物线的定义与标准方程

1．抛物线的定义

用模板做一个演示：取一直尺固定在画图板上直线 l 的位置，如图2-19所示．把一块三角板的一条直角边 BC 紧靠在直尺的边缘，再把一条细绳（没有伸缩性）的一端固定在三角板另一条直角边上的点 E 处，截取细绳的长等于从点 E 到直尺边缘的距离 $|EB|$，并且把细绳的另一端固定在画图板上的点 F 处．然后用笔尖紧靠着三角板 AB 边，把细绳拉紧，同时将三角板紧靠着直尺顺势上下滑动，于是笔尖就画出一条抛物线．

由绘图过程可以看出，笔尖（即动点 M）在移动过程中，始终保持到定点 F 和直尺边缘（BC 边所在直线）的距离相等．

一般地，平面内到定点 F 和定直线 $l\,(F\notin l)$ 的距离相等的点的轨迹叫做**抛物线**．定点 F 叫做**抛物线的焦点**，定直线 l 叫做**抛物线的准线**．

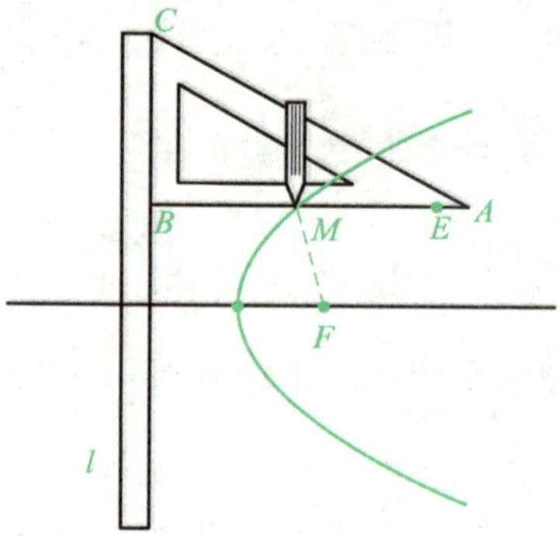

图 2-19

2. 抛物线的标准方程

取过焦点 F 且垂直于准线 l 的直线为 x 轴，x 轴与 l 相交于点 K，以线段 KF 的垂直平分线为 y 轴，建立平面直角坐标系 xOy，如图 2-20 所示.

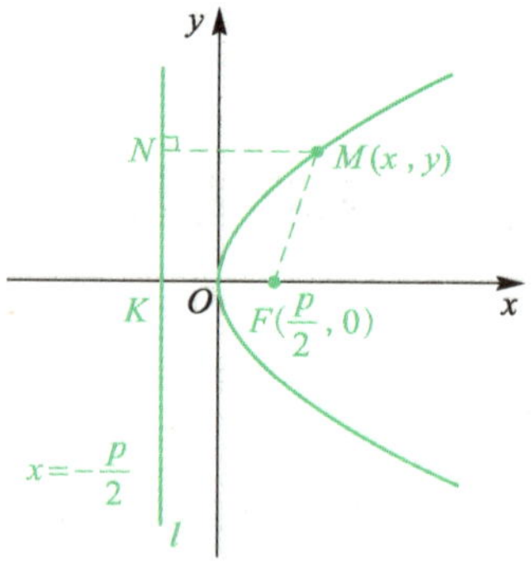

图 2-20

设焦点 F 到准线 l 的距离为 $p\,(p>0)$，则 $|KF|=p$，于是焦点 F 的坐标为 $(\frac{p}{2},0)$，准线方程为 $x=-\frac{p}{2}$.

设 $M(x,y)$ 为抛物线上任意一点，作 $MN\perp l$，垂足为 N，则点 N 的坐标为 $(-\frac{p}{2},y)$.

由抛物线定义可知

$$|MF|=|MN|.$$

因

$$|MF|=\sqrt{(x-\frac{p}{2})^2+y^2},$$

$$|MN|=|x+\frac{p}{2}|,$$

所以

$$\sqrt{(x-\frac{p}{2})^2+y^2}=|x+\frac{p}{2}|.$$

化简并整理，得

$$y^2=2px\,(p>0).$$

我们把方程 $y^2=2px\,(p>0)$ 叫做**抛物线的标准方程**，它表示焦点在 x 轴上，焦点坐标为 $F(\frac{p}{2},0)$，准线方程为 $x=-\frac{p}{2}$ 的抛物线.

一条抛物线，由于它在坐标平面内的位置不同，方程也不同，所以抛物线的标准方程还有其他几种形式：$y^2=-2px$，$x^2=2py$，$x^2=-2py$，其中 $p>0$.

这四种抛物线的图形、标准方程及准线方程如表 2-3 所示.

表 2-3

方程	焦点	准线	图形
$y^2=2px\ (p>0)$	$F(\frac{p}{2},0)$	$x=-\frac{p}{2}$	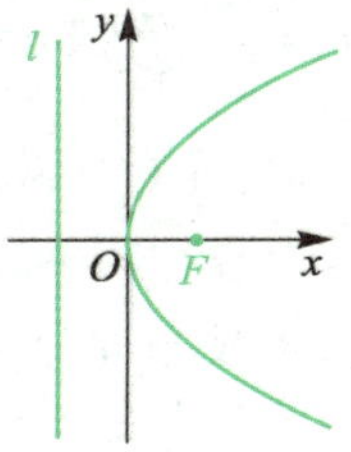
$y^2=-2px\ (p>0)$	$F(-\frac{p}{2},0)$	$x=\frac{p}{2}$	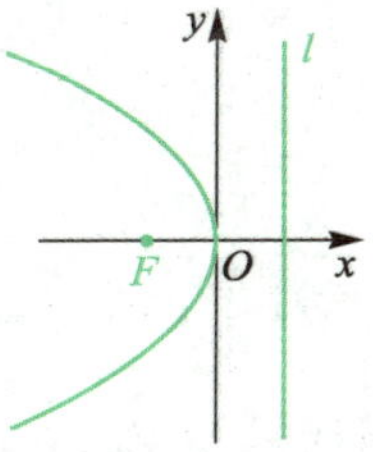

想一想

你能说明二次函数 $y^2=ax\,(a\neq0)$ 的图像为什么是抛物线吗?

续表

方程	焦点	准线	图形
$x^2=2py\ (p>0)$	$F(0,\frac{p}{2})$	$y=-\frac{p}{2}$	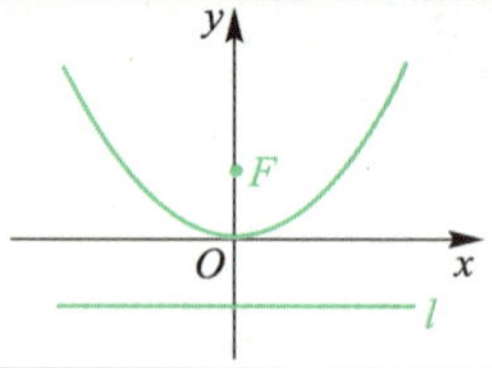
$x^2=-2py\ (p>0)$	$F(0,-\frac{p}{2})$	$y=\frac{p}{2}$	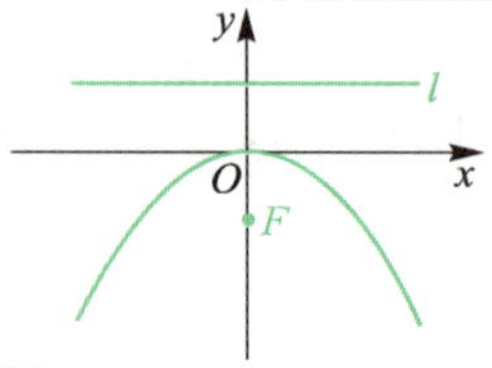

◈ 例题解析

例 1　求下列抛物线的焦点坐标和准线方程.

（1）$y^2=4x$；　　　　（2）$y=2x^2$.

解　（1）因 $2p=4$，所以 $p=2$，故焦点坐标为 $F(1,0)$，准线方程为 $x=-1$.

（2）将已知抛物线方程化为标准方程，得

$$x^2=\frac{1}{2}y.$$

因 $2p=\frac{1}{2}$，所以 $p=\frac{1}{4}$，故焦点坐标为 $F(0,\frac{1}{8})$，准线方程为 $x=-\frac{1}{8}$.

例 2　求满足下列条件的抛物线的标准方程.

（1）焦点坐标为 $F(-3,0)$；

（2）准线方程为 $y=8$.

解　（1）因 $\frac{p}{2}=3$，所以 $p=6$.

因抛物线的焦点在 x 轴负半轴上，所以它的标准方程为

$$y^2=-12x.$$

（2）因 $\frac{p}{2}=8$，所以 $p=16$.

因抛物线的准线在 y 轴正半轴上，所以它的标准方程为

$$x^2=-32y.$$

2.3.2　抛物线的性质

以抛物线 $y^2=2px\,(p>0)$ 为例研究抛物线的几何性质.

1．范围

由标准方程 $y^2=2px\,(p>0)$ 可知，抛物线上任意点 $M(x,y)$ 的横坐标 $x\geqslant 0$，这说明这条抛物线在 y 轴的右侧；当 x 的值增大时，$|y|$ 也增大，这说明抛物线向右上方和右下方无限延伸，如图 2-21 所示.

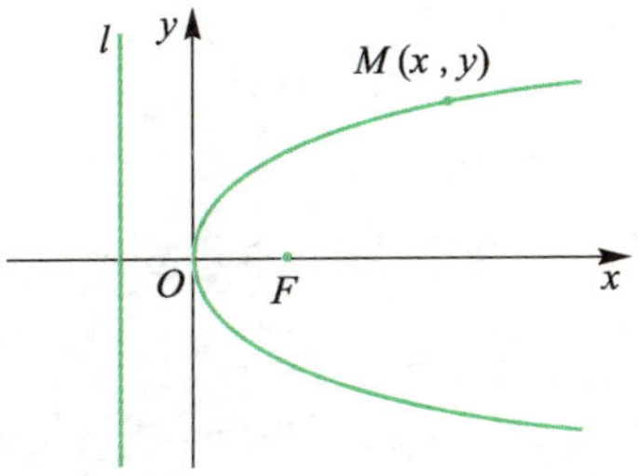

图 2-21

> **练一练**
>
> 试根据研究抛物线 $y^2=2px\,(p>0)$ 的性质的方法，研究抛物线 $y^2=-2px\,(p>0)$，$x^2=2py\,(p>0)$，$x^2=-2py\,(p>0)$ 的性质.

2．对称性

在抛物线 $y^2=2px\,(p>0)$ 中，把 y 换成 $-y$，方程不变，这说明这条抛物线关于 x 轴对称，故抛物线是轴对称图形．抛物线的对称轴叫做**抛物线的轴**.

3．顶点

抛物线和它的轴的交点叫做**抛物线的顶点**.

在抛物线 $y^2=2px\,(p>0)$ 中，令 $y=0$，则 $x=0$，故原点就是这条抛物线的顶点.

4．离心率

抛物线上的点到焦点的距离和它到准线的距离之比叫做**抛物线的离心率**，用 e 表示.

由定义可知，$e=1$.

◈ 例题解析

例 3 已知抛物线上的点关于 x 轴对称，它的顶点在坐标原点，且经过点 $P(4,2\sqrt{3})$，求此抛物线的标准方程，并用描点法画出图形.

解 根据已知条件，设抛物线的标准方程为

$$y^2=2px\,(p>0).$$

因点 $P(4,2\sqrt{3})$ 在抛物线上，所以

$$(2\sqrt{3})^2=2p\times4,$$

解得

$$2p=3.$$

因此，所求抛物线的标准方程为 $y^2=3x$.

为画此抛物线的图形，将抛物线方程变形为

$$y=\pm\sqrt{3x}\,(x\geqslant0).$$

求出抛物线在 $x\geqslant0$ 范围内的一些点的坐标 (x,y)，如表 2-4 所示.

表 2-4

x	0	0.75	1	2	3	4	…
y	0	1.5	1.7	2.4	3	3.5	…

首先描点并用光滑的曲线顺次连接这些点，可得抛物线在第一象限内的图像，然后利用抛物线的对称性画出整个抛物线，如图 2-22 所示.

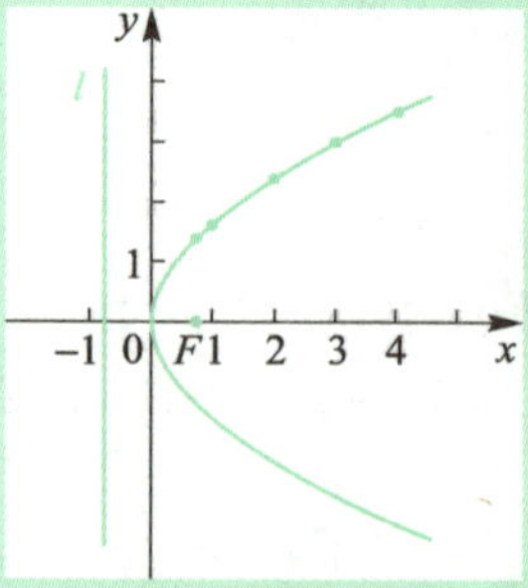

图 2-22

例 4 已知抛物线的顶点为原点，对称轴为坐标轴，并且经过点 $M(-5,-10)$，求此抛物线的标准方程.

分析 由于点 M 在第三象限，且题中并没有明确指出对称轴是 x 轴还是 y 轴，因此抛物线的标准方程可能是 $y^2=-2px$ 或 $x^2=-2py$.

解 设所求抛物线的标准方程为

$$y^2=-2p_1x \text{ 或 } x^2=-2p_2y .$$

将 $M(-5,-10)$ 分别代入上述方程，得

$$(-10)^2=-2p_1\times(-5) \text{ 或 } (-5)^2=-2p_2\times(-10) ,$$

解得

$$p_1=10 \text{ 或 } p_2=\frac{5}{4} .$$

因此，所求抛物线的标准方程为 $y^2=-20x$ 或 $x^2=-\frac{5}{2}y$.

习题 2.3

1．准线方程为 $x=2$ 的抛物线的标准方程为（　　）.

A．$y^2=-4x$　　　　B．$y^2=-8x$

C．$y^2=4x$　　　　D．$y^2-6x=0$

2．抛物线 $y^2=12x$ 上与焦点的距离等于 9 的点的坐标为_______.

3．求下列抛物线的焦点坐标和准线方程.

（1）$y^2=6x$ ；　　（2）$x^2=6y$ ；

（3）$2y^2+5x=0$ ；　　（4）$x^2+8y=0$.

4．求满足下列条件的抛物线的标准方程.

（1）焦点坐标为 $F(0,4)$ ；

（2）焦点到准线的距离为 1，且焦点在 y 轴上；

（3）顶点在原点，对称轴是 x 轴，且顶点与焦点的距离为 6.

5．抛物线 $y^2=2px\,(p>0)$ 上一点 M 到焦点 F 的距离为 $2p$，求点 M 的坐标.

6．如图 2-23 所示，一条隧道的顶部是抛物线形拱形，拱高为 1.1 m，跨度为 2.2 m，求拱形所在抛物线的方程.

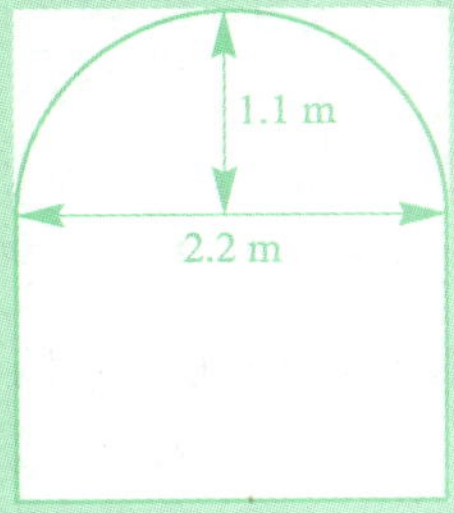

图 2-23

复习题2

1．填空题

（1）若椭圆的一个焦点坐标为$(2,0)$，与x轴的一个交点的坐标为$(4,0)$，则椭圆的标准方程为______．

（2）椭圆$\frac{x^2}{9}+\frac{y^2}{16}=1$的焦点坐标为______．

（3）若双曲线的焦点坐标为$F_1(-4,0)$，$F_2(4,0)$，双曲线上的点到两焦点的距离之差的绝对值等于6，则双曲线的标准方程为______．

（4）双曲线$x^2-\frac{y^2}{24}=1$的离心率为______．

（5）抛物线的顶点在原点，对称轴是坐标轴，且过点$(2,2\sqrt{2})$，则抛物线的方程为______．

（6）在抛物线$x^2=2y$上与点$(0,2)$距离最近的点的坐标是______．

2．选择题

（1）如果椭圆$\frac{x^2}{25}+\frac{y^2}{9}=1$上一点$M$到椭圆的一个焦点的距离等于4，那么点$M$到另一个焦点的距离等于（　）．

A．1　　B．3　　C．6　　D．8

（2）双曲线$\frac{x^2}{4}-\frac{y^2}{9}=1$的渐近线方程为（　）．

A．$4x\pm9y=0$　　B．$9x\pm4y=0$

C．$2x\pm3y=0$　　D．$3x\pm2y=0$

（3）已知对称轴为坐标轴的双曲线的一条渐近线方程为$2x-y=0$，则该双曲线的离心率为（　）．

A．5或$\frac{5}{4}$　　B．$\sqrt{5}$或$\frac{\sqrt{5}}{2}$

C．$\sqrt{3}$或$\frac{\sqrt{3}}{2}$　　D．5或$\frac{5}{3}$

（4）抛物线$y^2=4ax\ (a\neq0)$的焦点坐标为（　）．

A．$(a,0)$　　B．$(-a,0)$

C．$(0,a)$　　D．$(0,-a)$

（5）以椭圆 $\frac{x^2}{2}+y^2=1$ 的对称中心为顶点，椭圆的焦点为焦点的抛物线的方程为（　）．

A．$y^2=4x$　　B．$y^2=-4x$ 或 $y^2=4x$

C．$x^2=4y$　　D．$x^2=4y$ 或 $x^2=-4y$

（6）若曲线方程 $x^2+y^2\cos\alpha=1$ 中的 α 满足 $0^\circ<\alpha<180^\circ$，则曲线不能表示（　）．

A．抛物线　　B．椭圆

C．双曲线　　D．圆

3．已知 $\triangle ABC$ 的两顶点为 $A(2,0)$，$B(-2,0)$，周长为 10，求顶点 C 的轨迹方程．

4．如图 2-24 所示为抛物线形拱桥，当水面在 l 时，拱顶离水面 2 m，水面宽 4 m．水面下降 1 m 后，水面宽为多少？

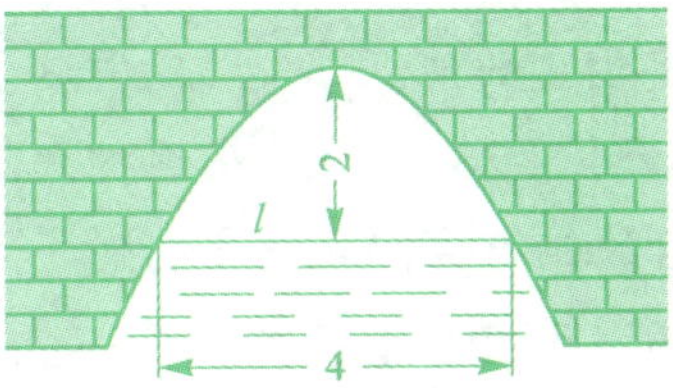

图 2-24

5．求双曲线 $y^2-\frac{x^2}{2}=1$ 的焦点坐标、顶点坐标、离心率和渐近线方程．

6．已知双曲线和椭圆 $\frac{x^2}{9}+\frac{y^2}{25}=1$ 的焦点相同，且它们的离心率之和等于 $\frac{14}{5}$，求此双曲线的标准方程．

7．（1）已知抛物线的标准方程是 $y^2=x$，求它的焦点坐标和准线方程；

（2）已知抛物线的焦点是 $F(0,-2)$，求它的标准方程．

8．已知抛物线的顶点是双曲线 $16x^2-9y^2=144$ 的对称中心，焦点是双曲线的左顶点，求此抛物线的方程．

9．已知地球运行的轨道是长半轴长为 $a=1.5\times10^8$ km，离心率为 $e=0.019\,2$ 的椭圆，太阳在这个椭圆的一个焦点上，求地球到太阳的最大距离和最小距离．（把地球和太阳分别看成一个点）

趣味阅读

圆锥曲线的光学性质及其应用

一只很小的灯泡发出的光，会分散地射向各方，但把它装在圆柱形手电筒里，经过适当调节，就能射出一束比较强的平行光线，这是为什么呢？

原来手电筒内，在小灯泡后面有一个反光镜，镜面的形状是一个由抛物线绕它的轴旋转所得到的曲面，叫做抛物面，如图 2-25 所示．人们已经证明，抛物线有一条重要性质：从焦点发出的光线，经过抛物线上的一点反射后，反射光线平行于抛物线的轴，如图 2-26 所示．平时我们看到的探照灯也是利用这个原理设计的，如图 2-27 所示．

应用抛物线的这个性质，也可以使一束平行于抛物线的轴的光线，经过抛物面的反射集中于它的焦点．人们应用这个原理设计了一种加热水和食物的太阳灶，如图 2-28 所示．在这种太阳灶上装有一个旋转抛物面形的反光镜，当它的轴与太阳光线平行时，太阳光线经过反射后集中于焦点处，这一点的温度就会很高．

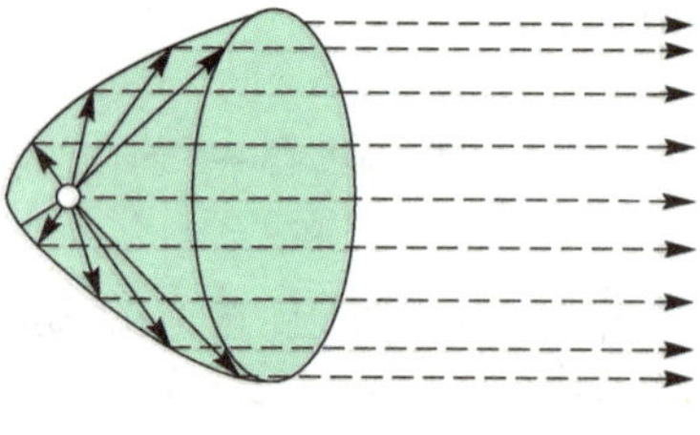

图 2-25

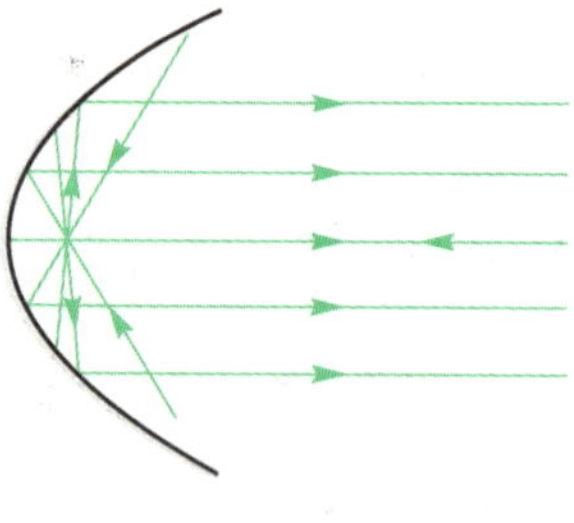

图 2-26

图 2-27

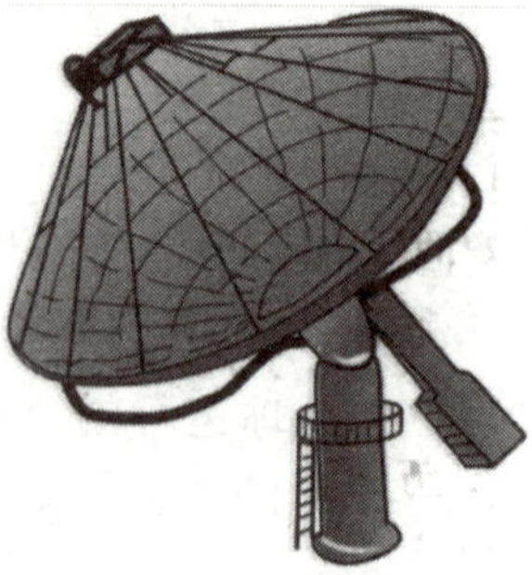

图 2-28

椭圆与双曲线的光学性质与抛物线不同. 从椭圆的一个焦点发出的光线，经过椭圆反射后，反射光线交于椭圆的另一个焦点上，如图 2-29 所示；从双曲线发出的光线，经过双曲线反射后，反射光线是散开的，它们就好像是从另一个焦点射出的一样，如图 2-30 所示. 椭圆、双曲线的光学性质也被广泛地应用于各种设计中.

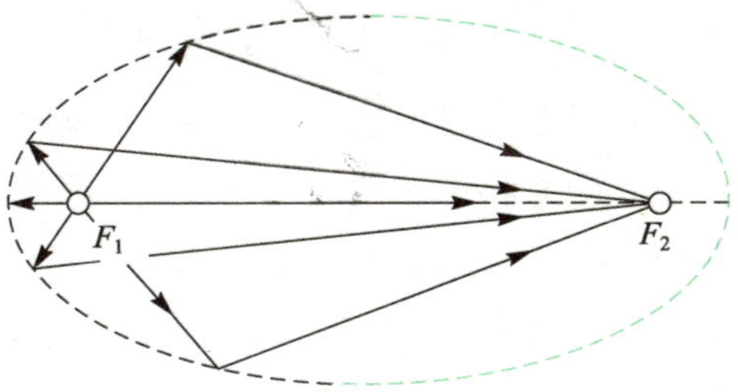

图 2-29

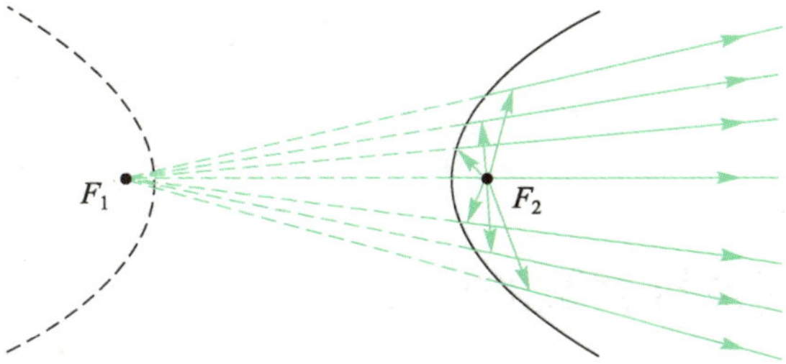

图 2-30

如图 2-31 所示，电影放映机的聚光灯有一个反射镜，它的形状是旋转椭圆面. 为了使片门（电影胶片通过的地方）处获得最强的光线，灯丝 F_2 与片门 F_1 应位于椭圆的两个焦点处，这就是应用椭圆光学性质的实例.

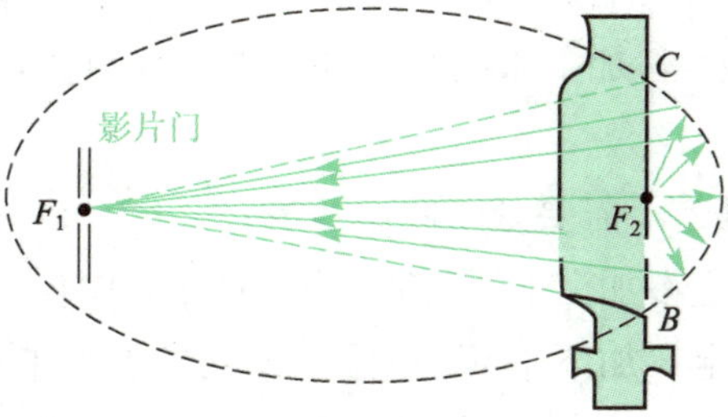

图 2-31

第 3 章　概率与统计

概率与统计是应用数学方法研究　　现象数量规律的数学学科，是现代数学的重要分支．随着科学技术的迅速发展，概率与统计已应用到自然科学和社会科学的各个领域，成为进行科学研究、科学决策必不可少的有效数学工具，尤其是在经济、教育、环境污染、政治、社会科学、心理学等方面发挥着越来越重要的作用．

本章在基础模块的基础上，进一步学习概率与统计的相关知识．

3.1　排列与组合

3.1.1　排列及排列数的计算

1．排列

案例 1　从甲、乙、丙 3 名同学中选出 2 名参加一项活动，其中 1 名同学参加上午的活动，另 1 名同学参加下午的活动，共有多少种不同的选法？

这个问题可以理解为从甲、乙、丙 3 名同学中选出 2 名，按照参加上午的活动在前、参加下午的活动在后的顺序排列，求一共有多少种不同的排法．

解决这一问题，需要分成两个步骤：

第一步，确定参加上午活动的同学，从 3 人中任选 1 人，有 3 种方法；

第二步，确定参加下午活动的同学，当参加上午活动的同学确定后，参加下午活动的同学只能从余下的 2 名同学中选择，有 2 种方法．

根据分步乘法计数原理，在 3 名同学中选出 2 名，按照参加上午的活动在前、参加下午的活动在后的顺序排列的不同方法共有 $3\times2=6$(种)，如图 3-1 所示．

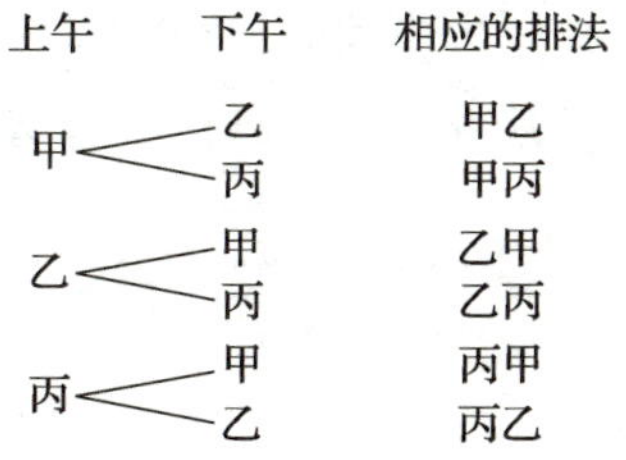

图 3-1

> **提示**
> 写出所有排列的图示（图 3-1）叫做“树形图”.

通常将被取的对象叫做**元素**，于是上述问题可抽象为：

从 3 个不同元素中任取 2 个元素，然后按照一定的顺序排成一列，一共有多少种不同的排法？

所有不同的排列为“甲、乙”“甲、丙”“乙、甲”“乙、丙”“丙、甲”“丙、乙”，故共有 6 种排法.

一般地，从 n 个不同元素中任取 $m(m\leqslant n)$ 个元素，按照一定的顺序排成一列，叫做从 n 个不同元素中取出 m 个元素的一个**排列**. 当 $m<n$ 时，叫做**选排列**，当 $m=n$ 时，叫做**全排列**.

> **提示**
> 一个排列就是完成一件事的一种方法；不同的排列就是完成一件事的不同排法.

根据排列的定义可知，两个排列相同的充要条件为两个排列的元素完全相同，且排列的顺序也完全相同.

◈ 例题解析

例 1 写出从四个元素 a，b，c，d 中任取 2 个元素的所有排列.

分析 首先任取 1 个元素放在左边，然后在剩余的元素中任取 1 个元素放在右边.

解 所有排列为

$$ab，ac，ad，ba，bc，bd，ca，cb，cd，da，db，dc.$$

2. 排列数

一般地，从 n 个不同元素中取出 $m(m\leqslant n)$ 个元素的所有不同排列的个数叫做从 n 个不同元素中取出 m 个元素的**排列数**，用符号 A_n^m 表示.

例 1 中，从 4 个元素 a，b，c，d 中任取 2 个元素的排列数为 A_4^2，可以看出

$$\mathrm{A}_4^2=12 .$$

现在研究计算排列数的公式.

计算 A_n^m 可以这样考虑：假设有排好顺序的 m 个空位（见图 3-2），

从 n 个不同元素中任取 m 个去填空，一个空位填 1 个元素，每一种填法就对应一个排列，所有不同的填法就是排列数 A_n^m .

第1位	第2位	第3位	…	第m位
			…	

图 3-2

填空可分 m 个步骤：

第一步，从 n 个不同元素中任取 1 个填到第 1 个位置，有 n 种方法；

第二步，从剩余的 $n-1$ 个元素中任取 1 个填到第 2 个位置，有 $n-1$ 种方法；

第三步，从剩余的 $n-2$ 个元素中任取 1 个填到第 3 个位置，有 $n-2$ 种方法；

依次类推……

第 m 步，从剩余的 $n-(m-1)$ 个元素中任取 1 个填到第 m 个位置，有 $n-m+1$ 种方法.

根据分步乘法计数原理，全部填满空位的方法总数为

$$n(n-1)(n-2)\cdots(n-m+1) .$$

由此可得，n 个不同元素中任取 $m(m\leqslant n)$ 个元素的排列数 A_n^m 为

$$\mathrm{A}_n^m=n(n-1)(n-2)\cdots(n-m+1), \tag{3-1}$$

这里，n，$m\in\mathbf{N}^+$，并且 $m\leqslant n$. 公式（3-1）叫做排列数公式.

当 $m=n$ 时，由公式（3-1）得

$$\mathrm{A}_n^n=n(n-1)(n-2)\cdots3\times2\times1 . \tag{3-2}$$

这就是说，n 个不同元素全部取出的排列数等于正整数 1 到 n 的连乘积.

正整数 1 到 n 的连乘积叫做 n 的阶乘，用 $n!$ 表示，即

$$n!=n(n-1)(n-2)\cdots3\times2\times1 .$$

注意

规定：$0!=1$.

因此，公式（3-2）还可以写作

$$\mathrm{A}_n^n=n! . \tag{3-3}$$

一般地，

$$\begin{aligned}\mathrm{A}_n^m&=n(n-1)(n-1)\cdots(n-m+1)\\&=\frac{n(n-1)(n-1)\cdots(n-m+1)(n-m)\cdots2\times1}{(n-m)\cdots2\times1}\\&=\frac{n!}{(n-m)!}.\end{aligned}$$

因此，当 $m<n$ 时，公式（3-1）还可以写作

$$A_n^m=\frac{n!}{(n-m)!}. \qquad (3\text{-}4)$$

◈ 例题解析

例2 计算 A_4^3 和 A_3^3.

解 $A_4^3=4\times3\times2=24$;

$A_3^3=3\times2\times1=6$.

例3 小华准备从6本世界名著中任选3本，分别送给甲、乙、丙3位同学每人1本，共有多少种选法？

分析 选出3本不同的书，分别送给甲、乙、丙3位同学，书的排序不同，结果是不同的，因此，选法的种数是从6个不同的元素中任取3个元素的排列数.

解 不同选法的种数是

$$A_6^3=6\times5\times4=120(\text{种}).$$

因此，共有120种不同选法.

例4 用0，1，2，3，4，5可以组成多少个没有重复数字的三位数？

分析 解法一：因为百位上的数字不能为0，所以分成两步考虑：第一步先排百位上的数字，第二步从剩余的数字中任取2个数排列；解法二：组成三位数的数字中，可能含0，也可能不含0，因此，可分成两类考虑：第一类为三位数字中含0，第二类为三位数字中不含0.

解法一 由分步乘法计数原理可知，所求三位数的个数为

$$A_5^1A_5^2=5\times(5\times4)=100(\text{个}).$$

解法二 第一类为三位数字中含0，由于百位上的数字不能为0，故只能将0放在十位或个位，有 A_2^1 种方法；然后再从“1，2，3，4，5”五个数字中任选2个数字，放到剩余的2个数位上，有 A_5^2 种方法．由分步计数原理可知，这类三位数的个数为 $A_2^1A_5^2=2\times(5\times4)=40(\text{个})$.

第二类为三位数字中不含0，从“1，2，3，4，5”五个数字中任选3个数字放到3个数位上，这类三位数的个数为 $A_5^3=5\times4\times3=60(\text{个})$.

由分类加法计数原理可知，所求三位数的个数为

$$40+60=100(\text{个}).$$

因此，可以组成100个没有重复数字的三位数.

> **提示**
> “首先考虑特殊元素或特殊位置，然后再考虑一般元素或一般位置，分步骤研究问题”是本章中经常使用的方法.

◈ 计算器辅助求值

用计算器求阶乘和排列数

1．用计算器求阶乘

下面使用 CASIO *fx－82ES PLUS* 型计算器，以计算4! 的值为例，介绍用计算器求阶乘的一般方法.

（1）按 [ON] 键，打开计算器，然后依次按 [SHIFT] 键和 [MODE] 键，再按 [1] 键，将计算器的显示格式设置为“MthIO”（普通显示），接着再按一次 [1] 键，将计算结果的显示格式设置为“MathO”.

（2）输入数字 4，再依次按 [SHIFT] 键和 [x!] 键.

（3）按 [=] 键，即可显示结果为 24.

2．用计算器求排列数

下面以计算 A_4^3 的值为例，介绍用计算器求排列数的一般方法.

（1）输入数字 4，然后依次按 [SHIFT] 键和 [nPr] 键，再输入数字 3.

（2）按 [=] 键，即可显示结果为 24.

（3）依次按 [SHIFT] 键和 [AC] 键，关闭计算器.

3.1.2 组合及组合数的计算

1．组合

案例 2　从甲、乙、丙 3 名同学中选出 2 名参加一项活动，共有多少种不同的选法？

从 3 名同学中选出 2 名的可能选法列举如下：

“甲、乙”“甲、丙”“乙、丙”.

这个问题可以理解为从 3 个不同元素中任取 2 个元素，不管是怎样的顺序总认为是一组，求一共有多少个组.

一般地，从 n 个不同元素中任取 $m(m \leqslant n)$ 个元素，组成一组，叫做从 n 个不同元素中取出 m 个元素的一个组合.

从 3 名同学中选出 2 名同学的选法，就是从 3 个不同元素中任取 2 个元素的所有组合的个数.

由排列与组合的定义可知，两者都是从 n 个不同元素中任取 $m(m \leqslant n)$ 个元素，这是排列与组合的共同点；它们的不同点是排列与元素的顺序有关，组合与元素的顺序无关．只有元素相同且顺序也相同的两个排列才是相同的；只要两个组合的元素相同，不论元素的顺序如何，都是相同的组合．例如，ab 和 ba 是两个不同的排列，但它们却是同一个组合．

2．组合数

一般地，从 n 个不同元素中取出 $m(m \leqslant n)$ 个元素的所有组合的个数叫做从 n 个不同元素中取出 m 个元素的**组合数**，用符号 C_n^m 表示．

从 8 个不同元素中取出 4 个元素的组合数为 C_8^4，从 6 个不同元素中取出 2 个元素的组合数为 C_6^2．

下面以计算 C_4^3 为例，研究组合数的计算公式．

首先用两种方法来计算 A_4^3．

方法一　$\mathrm{A}_4^3 = 4 \times 3 \times 2$．

方法二　从 4 个不同元素中取出 3 个元素的一个排列，可分两步完成：

第一步，从 4 个不同元素中取出 3 个元素组成一组，有 C_4^3 种方法；

第二步，对每一组的 3 个不同元素进行全排列．

根据分步乘法计数原理可知，

$$\mathrm{A}_4^3 = \mathrm{C}_4^3 \mathrm{A}_3^3,$$

即

$$\mathrm{C}_4^3 = \frac{\mathrm{A}_4^3}{\mathrm{A}_3^3}.$$

类似地，可以得到组合数的计算公式：

一般地，从 n 个不同元素中取出 $m(m \leqslant n)$ 个元素的组合数为

$$\mathrm{C}_n^m = \frac{\mathrm{A}_n^m}{\mathrm{A}_m^m} = \frac{n(n-1)(n-2)\cdots(n-m+1)}{m!}, \qquad (3\text{-}5)$$

这里，n，$m \in \mathbf{N}^+$，并且 $m \leqslant n$．公式（3-5）叫做**组合数公式**．

由于

$$\mathrm{A}_n^m = \frac{n!}{(n-m)!}, \quad \mathrm{A}_n^m = \mathrm{C}_n^m \mathrm{A}_m^m,$$

故公式（3-5）还可以写作

$$\mathrm{C}_n^m = \frac{n!}{m!(n-m)!}. \qquad (3\text{-}6)$$

容易证明，组合数具有如下性质：

性质 1 $$C_n^m=C_n^{n-m}\ (m\leqslant n).\quad(3\text{-}7)$$

为了简化运算，当 $m>\frac{n}{2}$ 时，通常将计算 C_n^m 化为计算 C_n^{n-m}．例如，

$$C_{10}^7=C_{10}^{10-7}=C_{10}^3=\frac{10\times9\times8}{3!}=120.$$

性质 2 $$C_{n+1}^m=C_n^m+C_n^{m-1}\ (m\leqslant n).\quad(3\text{-}8)$$

性质 2 可以反映出组合数公式中 m 和 n 之间存在的关系．

> **练一练**
>
> 试证明性质 1 和性质 2.

◈ 例题解析

例 5 计算：

（1）C_7^5；（2）C_4^4；（3）C_3^0．

解 （1）$C_7^5=C_7^2=\frac{7\times6}{2\times1}=21$；

（2）$C_4^4=\frac{A_4^4}{A_4^4}=1$；

（3）$C_3^0=\frac{3!}{0!(3-0)!}=\frac{3!}{3!}=1$．

> **练一练**
>
> 试证明：
>
> $C_n^n=1$，$C_n^0=1$．

例 6 圆周上有 10 个点，以任意 3 个点为顶点作圆的内接三角形，一共可以画多少个？

解 所求三角形的个数就是从 10 个不同元素中任取 3 个元素的组合数，共有

$$C_{10}^3=\frac{10\times9\times8}{3\times2\times1}=120(\text{个}).$$

因此，一共可以画 120 个圆的内接三角形．

◈ 计算器辅助求值

用计算器求组合数

下面使用 CASIO *fx*－*82ES PLUS* 型计算器，以计算 C_4^3 的值为例，介绍用计算器求组合数的一般方法．

（1）按 [ON] 键，打开计算器，然后依次按 [SHIFT] 键和 [MODE] 键，

再按 1 键，将计算器的显示格式设置为“MthIO”（普通显示），接着再按一次 1 键，将计算结果的显示格式设置为“MathO”.

（2）输入数字 4，然后依次按 SHIFT 键和 nCr 键，再输入数字 3.

（3）按 = 键，即可显示结果为 4.

（4）依次按 SHIFT 键和 AC 键，关闭计算器.

3.1.3　排列与组合的应用举例

下面通过具体实例介绍排列组合问题的应用.

◈ 例题解析

例 7　平面内有 10 个点，其中任何 3 个点不共线，求以其中任意 2 个点为端点的

（1）线段有多少条？

（2）有向线段有多少条？

解　（1）所求线段的条数就是从 10 个不同元素中任取 2 个元素的组合数，共有

$$C_{10}^{2}=\frac{10\times 9}{2\times 1}=45(条),$$

即以 10 个点中的任意 2 个点为端点的线段有 45 条.

（2）所求有向线段的条数就是从 10 个不同元素中任取 2 个元素的排列数，共有

$$A_{10}^{2}=10\times 9=90(条),$$

即以 10 个点中的任意 2 个点为端点的有向线段有 90 条.

例 8　100 件产品中有 2 件次品，98 件合格品，从中任意抽取 3 件进行检查，问：

（1）一共有多少种不同的抽法？

（2）抽出的 3 件中恰好有 1 件是次品的抽法有多少种？

（3）抽出的 3 件中至少有 1 件是次品的抽法有多少种？

解　（1）所求不同的抽法数就是从 100 个不同元素中任取 3 个元素的组合数，共有

$$C_{100}^{3}=\frac{100\times 99\times 98}{3\times 2\times 1}=161\,700(种).$$

因此，一共有 161 700 种不同的抽法.

（2）抽出的 3 件中恰好有 1 件是次品，可分为两步完成：

第一步，从 2 件次品中抽出 1 件；

第二步，从 98 件合格品中抽出 2 件.

由分步乘法计数原理可知，恰有 1 件次品的不同抽取方法有

$$C_2^1C_{98}^2=2\times\frac{98\times97}{2\times1}=9\,506(\text{种}).$$

因此，抽出的 3 件中恰好有 1 件是次品的抽法有 9 506 种.

（3）解法一：抽出的 3 件中至少有 1 件是次品，可分为两类完成：

第一类，抽出的 3 件中有 1 件是次品的抽法有 $C_2^1C_{98}^2$ 种；

第二类，抽出的 3 件中有 2 件是次品的抽法有 $C_2^2C_{98}^1$ 种.

由分类加法计数原理可知，至少有 1 件次品的不同抽取方法有

$$C_2^1C_{98}^2+C_2^2C_{98}^1=9\,506+98=9\,604(\text{种}).$$

解法二：从 100 件产品中任取 3 件的抽法种数减去 3 件全是合格品的抽法种数，就是抽出的 3 件中至少有 1 件是次品的抽法种数，即

$$C_{100}^3-C_{98}^3=161\,700-152\,096=9\,604(\text{种}).$$

因此，抽出的 3 件中至少有 1 件是次品的抽法有 9 604 种.

例 9　如果 7 名同学要排成一列照集体照，有 2 名同学必须要相邻，共有多少种不同的排法？

解　可分为两步完成：

第一步，将这 2 名同学的顺序排好；

第二步，将这 2 名同学看作一个整体，然后与剩下的 5 名同学一起排队.

由分步乘法计数原理可知，不同的排法共有

$$A_2^2A_6^6=2\times1\times6\times5\times4\times3\times2\times1=1\,440(\text{种}).$$

因此，有 1 440 种不同的排法.

例 10　从 6 名男生和 5 名女生中选出 3 名男生和 2 名女生排成一行，共有多少种不同的排法？

分析　可以先将男生选出，再将女生选出，然后对选出的 5 名学生进行排序.

解　不同的排法总数为

$$C_6^3C_5^2A_5^5=\frac{6\times5\times4}{3\times2\times1}\times\frac{5\times4}{2\times1}\times5\times4\times3\times2\times1=24\,000(\text{种}).$$

因此，有 24 000 种不同的排法.

例 11　某城市的电话号码是从 0，1，2，3，4，5，6，7，8，9 中

任取 8 个数字组成（允许数字重复），但 0 和 1 不能作为电话号码的首位数．问该城市最多可以装多少部电话？

解 可分为两步完成：

第一步，从 2，3，4，5，6，7，8，9 中任取 1 个数字放在首位；

第二步，从第 2 位到第 8 位，每个位置填入上述 10 个数字中的任意一个．

由分步乘法计数原理可知，该城市最多可以装电话的数量为

$$C_8^1C_{10}^1C_{10}^1C_{10}^1C_{10}^1C_{10}^1C_{10}^1C_{10}^1=8\times10^7=80\,000\,000(\text{种}).$$

因此，该城市最多可以装 80 000 000 部电话．

提示

研究实际问题的时候，一定要注意区别是否允许重复，是否有序的问题．

由以上例题可以看出，解排列与组合问题，首先，要弄清一件事是“分步”还是“分类”完成；其次，对于元素之间的关系，还要考虑是“有序的”还是“无序的”，也就是正确使用分步乘法计数原理和分类加法计数原理、排列定义和组合定义．

习题 3.1

1．计算：

（1）A_7^2；（2）C_{200}^{196}；（3）$A_{10}^3+A_5^1$；（4）$C_{10}^3+C_5^1$．

2．有 3 名大学生到 5 家公司应聘，已知每家公司至多招聘 1 名新员工，且 3 名大学生全部被聘用．若不允许兼职，问共有多少种不同的招聘方案？

3．从 3，5，7，11 这 4 个质数中任取 2 个相乘，可以得到多少个不相等的积？

4．一位教练的足球队共有 17 名学员，按照足球比赛规则，比赛时一个足球队的上场队员是 11 人．

（1）这位教练从这 17 名学员中，可以形成多少种上场方案？

（2）如果在选出 11 名上场队员时，还要确定其中的守门员，那么教练有多少种方案？

5．一个口袋里装有 7 个不同的白球和 1 个红球，从口袋里任取 5 个球．

（1）共有多少种不同的取法？

（2）其中恰有 1 个红球，共有多少种不同的取法？

（3）其中不含红球，共有多少种不同的取法？

6．从 5 名男生和 4 名女生中各选出 2 名学生担任 4 门不同课程的

课代表，共有多少种不同的选法？

7. 从1，3，5，7，9中任取3个数字，从2，4，6，8中任取2个数字，一共可以组成多少个没有重复数字的五位数？其中能被5整除的五位数有多少个？

8. 一种密码锁的密码由1到9中的6个数字组成（数字允许重复），可以组成多少个密码？

3.2 二项式定理

1. 二项式定理

在初中时，我们学过

$$(a+b)^2=a^2+2ab+b^2,$$

$$(a+b)^3=a^3+3a^2b+3ab^2+b^3.$$

下面计算

$$(a+b)^4=(a+b)(a+b)(a+b)(a+b).$$

显然，计算结果中的各项都是从括号里任取一个字母的乘积，因而各项都是4次项，其所含字母的形式分别为

$$a^4,\ a^3b,\ a^2b^2,\ ab^3,\ b^4.$$

在上面的四个括号里，每个都不取 b 的情况有1种，即 C_4^0 种，所以 a^4 的系数是 C_4^0；恰有1个取 b 的情况有 C_4^1 种，所以 a^3b 的系数是 C_4^1；恰有2个取 b 的情况有 C_4^2 种，所以 a^2b^2 的系数是 C_4^2；恰有3个取 b 的情况有 C_4^3 种，所以 ab^3 的系数是 C_4^3；恰有4个取 b 的情况有 C_4^4 种，所以 b^4 的系数是 C_4^4. 因此，

$$(a+b)^4=C_4^0a^4+C_4^1a^3b+C_4^2a^2b^2+C_4^3ab^3+C_4^4b^4.$$

利用上述方法，得到二项式定理：

设 a，b 是任意实数，n 是任意给定的正整数，则

$$(a+b)^n=C_n^0a^n+C_n^1a^{n-1}b+\cdots+C_n^ma^{n-m}b^m+\cdots+C_n^nb^n. \qquad (3\text{-}9)$$

公式（3-9）右边的多项式叫做二项展开式，共有 $n+1$ 项，其中每一项的系数 $C_n^m(m=0, 1, 2, \cdots, m)$ 叫做该项的二项式系数，第 $m+1$ 项叫做二项式的通项，记作 T_{m+1}.

由公式（3-9）可以看出，二项展开式的通项为

$$T_{m+1}=\mathrm{C}_n^m a^{n-m}b^m. \qquad (3\text{-}10)$$

在二项式定理中，如果设 $a=1$，$b=x$，则得到公式

$$(1+x)^n=1+\mathrm{C}_n^1x+\mathrm{C}_n^2x^2+\cdots+\mathrm{C}_n^mx^m+\cdots+\mathrm{C}_n^nx^n.$$

2.“杨辉三角”与二项式系数的性质

由二项式定理可以得到

$(a+b)^1$…………	1　1
$(a+b)^2$…………	1　2　1
$(a+b)^3$…………	1　3　3　1
$(a+b)^4$…………	1　4　6　4　1
$(a+b)^5$…………	1　5　10　10　5　1
……	……

上述由二项式系数列成的表，称为杨辉三角，是我国宋朝数学家杨辉于 1261 年著的《详解九章算法》中列出的图表.

杨辉，字谦光，钱塘人，南宋数学家和数学教育家.

观察杨辉三角，可以看出二项式系数具有下列性质：

（1）每一行的两端都是 1，其余每个数都是它“肩上”两个数的和；

（2）每一行中与首末两端“等距离”的两个数相等；

（3）如果二项式 $(a+b)^n$ 的幂指数 n 是偶数，那么它的展开式中间一项的二项式系数最大；如果 n 是奇数，那么二项展开式中间两项的二项式系数最大且相等.

◈ 例题解析

例 1　写出 $(a+b)^5$ 的展开式.

解　由于

$$\mathrm{C}_5^0=1，\mathrm{C}_5^1=5，\mathrm{C}_5^2=10，\mathrm{C}_5^3=10，\mathrm{C}_5^4=5，\mathrm{C}_5^5=1，$$

所以

$$\begin{aligned}(a+b)^5&=\mathrm{C}_5^0a^5+\mathrm{C}_5^1a^4b+\mathrm{C}_5^2a^3b^2+\mathrm{C}_5^3a^2b^3+\mathrm{C}_5^4ab^4+\mathrm{C}_5^5b^5\\&=a^5+5a^4b+10a^3b^2+10a^2b^3+5ab^4+b^5.\end{aligned}$$

要注意区别二项展开式中，某项的二项式系数与这一项的系数，它们是两个不同的概念.

例 2　求 $(1+2x)^7$ 的二项展开式第 4 项的二项式系数和系数.

解　因 $(1+2x)^7$ 的二项展开式的第 4 项为

$$T_4 = T_{3+1} = C_7^3 \times 1^4 \times (2x)^3 = C_7^3 \times 2^3 x^3,$$

所以展开式第 4 项的二项式系数为 $C_7^3 = 35$，系数为 $C_7^3 \times 2^3 = 280$.

例 3 求 $(\sqrt{x} + \frac{1}{\sqrt{x}})^{10}$ 的二项展开式中的常数项.

解 $(\sqrt{x} + \frac{1}{\sqrt{x}})^{10}$ 的二项展开式的通项为

$$T_{m+1} = C_{10}^m \times (\sqrt{x})^{10-m} \times (\frac{1}{\sqrt{x}})^m = C_{10}^m x^{\frac{10-m}{2} - \frac{m}{2}}.$$

令

$$\frac{10-m}{2} - \frac{m}{2} = 0,$$

解得

$$m = 5.$$

所以二项展开式的第 5 项是常数项，为

$$C_{10}^5 = \frac{10 \times 9 \times 8 \times 7 \times 6}{5 \times 4 \times 3 \times 2 \times 1} = 252.$$

提示

首先求出公式中字母 m 的取值，从而确定要求的是哪一项，最后根据公式写出该项，是解决这类问题的一般方法.

习题 3.2

1．选择题

（1）$(x-1)^{10}$ 的展开式的第 6 项的系数是（　　）.

A．C_{10}^6　　B．$-C_{10}^6$　　C．C_{10}^5　　D．$-C_{10}^5$

（2）$(1+x)^{2n}(n \in \mathbf{N}^+)$ 的展开式中，系数最大的项是（　　）.

A．第 n 项　　B．第 $n+1$ 项

C．第 $\frac{n}{2}+1$ 项　　D．第 n 项与第 $n+1$ 项

2．填空题

（1）$(x^3+2x)^5$ 的展开式中，第 4 项的二项式系数是______，系数是________.

（2）$(a+b)^9$ 的展开式中，各项二项式系数的最大值是_______.

（3）$(1-2x)^9$ 的展开式中，第 6 项是________.

（4）$(x+\frac{1}{x})^{10}$ 的展开式中，第_______项是常数项.

3．求 $(\frac{\sqrt{x}}{3} + \frac{3}{\sqrt{x}})^{12}$ 的展开式的中间一项.

4．求 $(2\sqrt{x}-\frac{1}{\sqrt{x}})^6$ 的展开式中的常数项．

5．求 $(x-\sqrt{3})^{10}$ 的展开式中含 x^6 的项的系数．

6．求 $(x-2y)^{10}$ 的展开式中二项式系数最大的项，并指出这项的二项式系数．

7．若 $(x-\frac{1}{x})^n$ 展开式的第 4 项为含 x^3 的项，求 n 的值．

3.3　离散型随机变量及其分布

在基础模块中，我们学习了用事件来描述随机现象，讨论了事件发生的统计规律性．为了更深入地研究随机现象，需要把随机试验结果数量化，也就是用变量来描述随机试验的各种结果．

3.3.1　离散型随机变量

1．随机变量

案例 1　假设在 10 件同类型产品中，有 3 件是次品，从中任取 2 件进行检验，求抽取产品中所含的次品数．

由于抽取产品中所含的次品数在抽样前是无法预先确定的，随着抽样结果的不同，次品数也会有所变化，然而作为任何一次抽样的具体结果，即在 10 件产品中随机抽取 2 件，次品数也随之确定了．所以说，次品数是一个可以取 0，1，2 等数值的变量．

有些随机现象的结果虽然不是数量，但可以将它数量化．例如，抛掷一枚硬币，可能出现

“正面朝上”“正面朝下”

两种结果，为了在数学上描述这些可能的结果，可以用“1”代表“正面朝上”，用“0”代表“正面朝下”．

如果随机试验的结果可以用一个变量的取值来表示，且这个变量的取值随着试验结果的不同而变化，那么这个变量叫做**随机变量**．通常用小写希腊字母 ξ，η 等表示，有时也可以用大写字母 X，Y，Z 表示．

例如，某人射击一次，命中的“环数”是可能取 0，1，…，9，10 这些数值的变量．

随机变量具有下列特征：

（1）取值是随机的，事先并不知道取到哪一个值；

（2）所取的每一个值都对应于某一随机事件；

（3）所取的每一个值都有确定的概率.

2．离散型随机变量及其分布

> **提示**
> 本章只研究离散型随机变量，且随机变量只取有限个值.

随机变量按照其取值状态的不同，一般常见的有两类：

（1）一类是像产品抽样中所含的次品数或抛掷硬币的结果那样，随机变量的所有可能值都可以一一列出，这种随机变量叫做离散型随机变量.

（2）一类是随机变量的所有可能值不能一一列出，而是连续地充满某个区间，这种随机变量叫做连续型随机变量．例如，某人等汽车的时间是个随机变量，如果两辆公交车间隔最长不超过 20 min，那么这个随机变量可以取区间[0，20] 内的一切值.

对于随机变量，我们不仅要知道它可能取的值，还要知道它取这些值的概率.

在上面的问题中，表示次品数的随机变量 ξ 的可能取值是 0，1，2，取得这些值的概率分别为

$$P(\xi=0)=\frac{C_3^0C_7^2}{C_{10}^2}=\frac{7}{15},$$

$$P(\xi=1)=\frac{C_3^1C_7^1}{C_{10}^2}=\frac{7}{15},$$

$$P(\xi=2)=\frac{C_3^2C_7^0}{C_{10}^2}=\frac{1}{15}.$$

将 ξ 可能取的值及相应的概率列成如表 3-1 所示表格.

表 3-1

ξ	0	1	2
P	$\frac{7}{15}$	$\frac{7}{15}$	$\frac{1}{15}$

表 3-1 从概率的角度指出了随机变量在随机试验中取值的分布情况.

一般地，由离散型随机变量 ξ 的所有可能取值 x_1，x_2，x_3，… 与其对应的概率 $P(\xi=x_i)=p_i\,(i=1，2，3，\cdots)$ 所组成的表叫做离散型随机变量 ξ 的概率分布（或分布列），如表 3-2 所示.

表 3-2

ξ	x_1	x_2	x_3	…	x_i	…
P	p_1	p_2	p_3	…	p_i	…

由概率的性质可知，离散型随机变量的概率分布具有以下性质：

（1）$p_i \geqslant 0(i=1, 2, 3, \cdots)$；

（2）$p_1+p_2+p_3+\cdots=1$.

离散型随机变量的概率分布确定后，不仅可以知道它的各个可能取值及取得这些值的概率，而且还可以求出它在某个范围内取值的概率，所以离散型随机变量的概率分布描述了相应的随机事件.

计算离散型随机变量的概率分布的主要步骤：

（1）写出随机变量的所有可能取值；

（2）计算出各个取值对应的随机事件的概率；

（3）列出表格. 注意验证 $p_i \geqslant 0(i=1, 2, 3, \cdots)$ 与 $p_1+p_2+p_3+\cdots=1$.

注意

描述离散型随机变量的概率分布有两个要素：一个要素是它的所有可能取值，另一个要素是取这些值的概率.

◈ 例题解析

例 1　将一枚均匀的硬币投掷一次，求出现正面次数 ξ 的概率分布.

解　由于只能出现“正面”和“反面”两种结果，所以随机变量 ξ 的可能取值只有 0 和 1，且

$$P(\xi=0)=\frac{1}{2},\ P(\xi=1)=\frac{1}{2}.$$

所以随机变量 ξ 的概率分布如表 3-3 所示.

表 3-3

ξ	0	1
P	$\frac{1}{2}$	$\frac{1}{2}$

提示

一般地，只能取 0 和 1 两个值的随机变量所服从的概率分布叫做两点分布，或 0-1 分布.

例 2　某小组有 6 名男生和 4 名女生，任选 3 个人去参观某展览，求所选 3 人中男生人数 ξ 的概率分布.

解　随机变量 ξ 的可能取值为 0，1，2，3，且

$$P(\xi=0)=\frac{C_6^0C_4^3}{C_{10}^3}=\frac{1}{30},\ P(\xi=1)=\frac{C_6^1C_4^2}{C_{10}^3}=\frac{3}{10},$$

$$P(\xi=2)=\frac{C_6^2C_4^1}{C_{10}^3}=\frac{1}{2},\ P(\xi=3)=\frac{C_6^3C_4^0}{C_{10}^3}=\frac{1}{6}.$$

所以随机变量ξ的概率分布如表 3-4 所示.

表 3-4

ξ	0	1	2	3
P	$\frac{1}{30}$	$\frac{3}{10}$	$\frac{1}{2}$	$\frac{1}{6}$

3.3.2 离散型随机变量的数字特征

虽然离散型随机变量ξ的概率分布能够完全描述随机变量取值的概率规律，但在许多实际问题中，还需要了解离散型随机变量的某些特征．例如，离散型随机变量的平均取值大小和取值的集中程度．通常把这种反应概率分布的某种特征的取值，叫做离散型随机变量的数字特征．

下面来学习两个基本的离散型随机变量的数字特征：均值和方差．

1．离散型随机变量的均值

案例 1　某学校为了解交通堵塞对同学上学迟到的影响情况，每天记录由于交通问题迟到的同学人数．如表 3-5 所示为 100 天中每天由于交通原因迟到人数的情况．

表 3-5

人数	0	1	2	3
天数	30	30	20	20

设每天由于交通原因迟到人数为随机变量ξ，由表 3-3 可以看出，随机变量ξ的可能取值为 0，1，2，3，且

$$P(\xi=0)=0.3，P(\xi=1)=0.3，$$
$$P(\xi=2)=0.2，P(\xi=3)=0.2．$$

所以随机变量ξ的概率分布如表 3-6 所示.

表 3-6

ξ	0	1	2	3
P	0.3	0.3	0.2	0.2

由于迟到 0 人的有 30 天，迟到 1 人的有 30 天，迟到 2 人的有 20 天，迟到 3 人的有 20 天，所以平均每人迟到的人数为

$$\frac{0\times30+1\times30+2\times20+2\times20}{100}=0\times0.3+1\times0.3+2\times0.2+3\times0.2=1.3\ .$$

一般地，设离散型随机变量ξ的所有可能取值为有限个值x_1，x_2，

x_3，…，x_n，这些值对应的概率为 p_1，p_2，p_3，…，p_n，则将

$$E(\xi)=x_1p_1+x_2p_2+x_3p_3+\cdots+x_np_n \qquad (3\text{-}11)$$

叫做离散型随机变量 ξ 的均值（或数学期望），记作 $E(\xi)$.

2. 离散型随机变量的方差

在实际问题中，除了要知道一个离散型随机变量取值的平均水平，还经常需要知道离散型随机变量取值波动的大小.

我们知道，样本方差可以表示样本数据的波动情况. 对于案例 1 来说，样本的平均数是 1.3，样本方差是

$$\frac{1}{100}[30\times(0-1.3)^2+30\times(1-1.3)^2+20\times(2-1.3)^2+20\times(3-1.3)^2]$$
$$=(0-1.3)^2\times0.3+(1-1.3)^2\times0.3+(2-1.3)^2\times0.2+(3-1.3)^2\times0.2$$
$$=1.21.$$

从随机变量的角度来看，每天由于交通原因迟到人数为随机变量 ξ，随机变量 ξ 的取值 0，1，2，3 对应的概率分布为 0.3，0.3，0.2，0.2，其均值 $E(\xi)=1.3$，则上式描述了离散型随机变量 ξ 围绕 $E(\xi)$ 的波动情况.

提示

离散型随机变量 ξ 的均值可以反映出随机变量 ξ 取值的平均水平，方差可以反映出随机变量 ξ 围绕均值的波动情况.

一般地，设离散型随机变量 ξ 的所有可能取值为有限个值 x_1，x_2，x_3，…，x_n，这些值对应的概率为 p_1，p_2，p_3，…，p_n，则将

$$D(\xi)=[x_1-E(\xi)]^2p_1+[x_2-E(\xi)]^2p_2+[x_3-E(\xi)]^2p_3+\cdots+[x_n-E(\xi)]^2p_n \qquad (3\text{-}12)$$

叫做离散型随机变量 ξ 的方差，记作 $D(\xi)$.

容易证明：

$$D(\xi)=E(\xi^2)-[E(\xi)]^2, \qquad (3\text{-}13)$$

练一练

有兴趣的同学可以试着证明公式（3-13）.

其中

$$E(\xi^2)=x_1^2p_1+x_2^2p_2+x_3^2p_3+\cdots+x_n^2p_n.$$

$D(\xi)$ 的算术平方根 $\sqrt{D(\xi)}$ 叫做离散型随机变量 ξ 的标准差，它也是一个衡量离散型随机变量波动大小的量.

◈ 例题解析

例 3 某工厂生产一批商品，其中一等品占 $\frac{1}{2}$，每件一等品获利 3 元；二等品占 $\frac{1}{3}$，每件二等品获利 1 元；次品占 $\frac{1}{6}$，每件次品亏损 2 元. 设

ξ 为任一件商品的获利金额（单位：元），求

（1）随机变量 ξ 的概率分布；

（2）随机变量 ξ 的均值；

（3）随机变量 ξ 的方差.

解 （1）随机变量 ξ 的所有取值为 -2，1，3，取这些值的概率分别为 $\frac{1}{6}$，$\frac{1}{3}$，$\frac{1}{2}$，所以随机变量 ξ 的概率分布如表 3-7 所示

表 3-7

ξ	-2	1	3
P	$\frac{1}{6}$	$\frac{1}{3}$	$\frac{1}{2}$

（2）因

$$E(\xi)=(-2)\times\frac{1}{6}+1\times\frac{1}{3}+3\times\frac{1}{2}=\frac{3}{2}=1.5,$$

故随机变量 ξ 的均值为 1.5，即每件商品平均获利 1.5 元.

（3）因

$$E(\xi^2)=(-2)^2\times\frac{1}{6}+1^2\times\frac{1}{3}+3^2\times\frac{1}{2}=\frac{11}{2},$$

所以

$$D(\xi)=E(\xi^2)-[E(\xi)]^2=\frac{11}{2}-(\frac{3}{2})^2=\frac{13}{4}.$$

例 4 甲、乙两名射手在同一条件下进行射击，两人以射击环数为随机变量的概率分布分别为如表 3-8 和表 3-9 所示.

表 3-8

射击环数 ξ_1	10	9	8
概率 P	0.2	0.6	0.2

表 3-9

射击环数 ξ_2	10	9	8
概率 P	0.4	0.2	0.4

问甲、乙两名射手谁的射击水平比较稳定？

解 由表 3-8 和表 3-9 可知，

$$E(\xi_1)=10\times0.2+9\times0.6+8\times0.2=9,$$

$$E(\xi_2)=10\times0.4+9\times0.2+8\times0.4=9.$$

因 $E(\xi_1)=E(\xi_2)$，无法判断谁的稳定性比较好，故此时需要计算二人射击环数的方差并进行比较.

因

$$D(\xi_1)=(10-9)^2\times0.2+(9-9)^2\times0.6+(8-9)^2\times0.2=0.4,$$

$$D(\xi_2)=(10-9)^2\times0.4+(9-9)^2\times0.2+(8-9)^2\times0.4=0.8,$$

所以 $D(\xi_1)<D(\xi_2)$，故甲的射击水平比乙稳定.

习题 3.3

1．在下列随机试验中，选择随机变量，并指出随机变量的所有可能取值.

（1）抛掷均匀硬币一次；

（2）从含有 2 件次品的 10 件产品中，选取 3 件产品.

2．表 3-10 和 3-11 是否可作为某个随机变量的分布列？为什么？

表 3-10

ξ	1	3	5	7
P	0.2	0.2	0.5	0.2

表 3-11

ξ	−1	0	1	2
P	−0.2	0.3	0.1	0.8

3．掷一颗骰子，求掷出的点数 ξ 的概率分布.

4. 在含有 5 件次品的 100 件产品中任取 3 件，求取到的次品数 ξ 的概率分布.

5．篮球运动员在比赛中每次罚球命中得 1 分，不中得 0 分．已知某运动员罚球命中的概率为 0.7，求：

（1）他罚球一次得分 ξ 的概率分布；

（2）他罚球一次得分 ξ 的均值.

6．已知离散型随机变量 ξ 的概率分布如表 3-12 所示.

表 3-12

ξ	1	2	3
P	$\frac{1}{2}$	$\frac{1}{3}$	$\frac{1}{6}$

求随机变量 ξ 的均值和方差.

7．一批产品中含有一、二、三等品，等外品及废品．生产这批产品时，这 5 等产品相应的概率依次为 0.7，0.1，0.1，0.06 和 0.04，如果其产值分别为 6 元、5.4 元、5 元、4 元和 0 元，求产品的平均产值.

8．随机抛掷一枚质地均匀的骰子，求向上一面的点数 ξ 的均值、方差和标准差.

3.4 二项分布

3.4.1 独立的重复试验及其概率

现在做一个实验：

袋里有 5 个乒乓球，其中 3 个黄球，2 个白球，连续抽取 5 次，每次抽取出 1 个球，观察后将球放回再重新抽取，这种抽取方式叫做有放回的抽取. 很明显，每一次抽取的结果对其他次抽取的结果是没有任何影响的.

一般地，在相同的条件下，重复进行 n 次试验，如果每次试验的结果与其他各次试验的结果无关，那么这 n 次重复试验叫做 n 次独立重复试验.

采取“有放回”的方法，从袋里连续抽取 5 次球的试验就是 5 次独立重复试验.

观察上面的试验，每次试验的可能结果只有两个：黄球和白球，并且两个结果是相互独立的，即各个事件发生的概率互相没有影响.

一般地，在 n 次独立试验中，如果每次试验的可能结果只有两个，且它们相互独立，即只考虑两个事件 A 和 $\overline{A}$，并且在每次实验中，事件 A 发生的概率都不变，这样的 n 次独立试验叫做 n 次伯努利试验.

> **提示**
> 在 n 次伯努利试验中，事件 A 恰好发生 k 次的概率公式在形式上可以看成是二项式展开式中的第 $k+1$ 项.

如果在每次试验中，事件 A 发生的概率为 $P(A)=p(0<p<1)$，事件 A 不发生的概率为 $P(\overline{A})=1-p$，那么，在 n 次伯努利试验中，随机变量 ξ 为事件 A 发生的次数，则 ξ 的可能取值为 0，1，2，…，n，事件 A 恰好发生 k 次的概率为

$$P_n(\xi=k)=\mathrm{C}_n^k p^k(1-p)^{n-k}. \quad (3\text{-}14)$$

公式（3-14）叫做伯努利公式，其中 $k=0$，1，2，…，n.

◈ 例题解析

例 1 某射手每次射击击中目标的概率是 0.8，求：

（1）射手在 10 次射击中恰有 8 次击中目标的概率；

（2）射手在 10 次射击中至少有 8 次击中目标的概率．（结果保留两位有效数字）

解　射击 10 次相当于做 10 次独立重复试验，即 $A=\{$射击一次，击中目标$\}$，则

$$P(A)=p=0.8.$$

（1）射手在 10 次射击中恰有 8 次击中目标的概率为

$$P_{10}(\xi=8)=C_{10}^{8}\times0.8^{8}\times(1-0.8)^{10-8}=45\times0.8^{8}\times0.2^{2}\approx0.30.$$

（2）射手在 10 次射击中至少有 8 次击中目标的概率是恰有 8 次击中目标的概率、恰有 9 次击中目标的概率和恰有 10 次击中目标的概率的和，即

$$\begin{aligned}P&=P_{10}(\xi=8)+P_{10}(\xi=9)+P_{10}(\xi=10)\\&=C_{10}^{8}\times0.8^{8}\times(1-0.8)^{10-8}+C_{10}^{9}\times0.8^{9}\times(1-0.8)^{10-9}\\&\quad+C_{10}^{10}\times0.8^{10}\times(1-0.8)^{10-10}\\&\approx0.30+0.27+0.11\\&=0.68.\end{aligned}$$

3.4.2　二项分布

案例 1　若连续掷一枚图钉 3 次，针尖向上的次数用 ξ 表示，求离散型随机变量 ξ 的概率分布．

投掷一枚图钉，设针尖向上的概率为 p，则针尖向下的概率为 $1-p$．连续掷一枚图钉 3 次，就是做 3 次独立重复试验，随机变量 ξ 的所有可能取值为 0，1，2，3，则

$$P(\xi=0)=C_3^0p^0(1-p)^{3-0},\ P(\xi=1)=C_3^1p^1(1-p)^{3-1},$$
$$P(\xi=2)=C_3^2p^2(1-p)^{3-2},\ P(\xi=3)=C_3^3p^3(1-p)^{3-3}.$$

所以随机变量 ξ 的概率分布如表 3-13 所示．

表 3-13

ξ	0	1	2	3
P	$C_3^0p^0(1-p)^{3-0}$	$C_3^1p^1(1-p)^{3-1}$	$C_3^2p^2(1-p)^{3-2}$	$C_3^3p^3(1-p)^{3-3}$

一般地，如果在一次试验中事件 A 发生的概率为 p，随机变量 ξ 为 n 次独立试验中事件 A 发生的次数，那么随机变量 ξ 的概率分布如表

3-14 所示.

表 3-14

ξ	0	1	…	k	…	n
P	$C_n^0p^0(1-p)^n$	$C_n^1p^1(1-p)^{n-1}$	…	$C_n^kp^k(1-p)^{n-k}$	…	$C_n^np^n(1-p)^0$

其中，$0<p<1$，$k=0$，1，2，…，n.

通常将这种形式的离散型随机变量ξ的概率分布叫做二项分布，并称随机变量ξ服从参数为 n 和 p 的二项分布，记作$\xi \sim B(n,p)$.

可以看出，二项分布中的各个概率值，在形式上依次是二项式$[(1-p)+p]^n$的展开式中的各项，第$k+1$项T_{k+1}为

$$P(\xi=k)=C_n^kp^k(1-p)^{n-k}.$$

二项分布是以伯努利试验为背景的重要试验，有着广泛的应用. 在实际问题中，如果 n 次试验相互独立，且各次试验是重复试验，每次试验中事件 A 发生的概率都是$p(0<p<1)$，那么事件 A 发生的次数ξ是一个离散型随机变量，服从参数为 n 和 p 的二项分布.

◈ 例题解析

例 2 口袋里装有 4 个黑球和 1 个白球，每次任取 1 个球，观察后放回再重新抽取，求 3 次抽取中恰好有 2 个黑球的概率.

解 由于是有放回地抽取，所以 3 次抽取是相互独立的，且是在相同条件下进行的重复试验. 每次抽取时，取到黑球的概率都是$p=\frac{4}{5}$，取到白球的概率都是$1-\frac{4}{5}=\frac{1}{5}$.

3 次抽取，取到黑球的个数ξ是一个离散型随机变量，服从$n=3$，$p=\frac{4}{5}$的二项分布，即

$$\xi \sim B(3,\frac{4}{5}).$$

事件$\xi=2$表示抽取 3 次所取到的球恰好有 2 个黑球，其概率为

$$P(\xi=2)=C_3^2p^2(1-p)^{3-2}=3\times(\frac{4}{5})^2\times\frac{1}{5}=\frac{48}{125}.$$

因此，3 次抽取中恰好有 2 个黑球的概率为$\frac{48}{125}$.

例 3 在人寿保险中，设一个投保人活到 65 岁的概率为 0.6，求 3

个投保人中活到 65 岁的人数 ξ 的概率分布.

解　记 $A=\{$一个投保人活到 65 岁$\}$，则 $\overline{A}=\{$一个投保人活不到 65 岁$\}$. 由于每个投保人是否能活到 65 岁是相互独立的，所以

$$P(A)=0.6,\ P(\overline{A})=1-0.6=0.4,$$

且随机变量 $\xi \sim B(3,0.6)$.

因

$$P(\xi=0)=C_3^0\times0.6^0\times(1-0.6)^3=0.064,$$
$$P(\xi=1)=C_3^1\times0.6^1\times(1-0.6)^2=0.288,$$
$$P(\xi=2)=C_3^2\times0.6^2\times(1-0.6)^1=0.432,$$
$$P(\xi=3)=C_3^3\times0.6^3\times(1-0.6)^0=0.216,$$

所以 3 个投保人中活到 65 岁的人数 ξ 的概率分布如表 3-15 所示.

表 3-15

ξ	0	1	2	3
P	0.064	0.288	0.432	0.216

在产品抽样检验中，如果抽样是有放回的，那么抽取 n 件检验，就相当于做 n 次独立重复试验，因此，在有放回的抽样检验中抽出的 n 件产品中所含次品数 ξ 的概率分布是二项分布.

当产品的数量相当大且抽取产品数目又很小时，可以将不放回抽取近似看作有放回抽取. 例如，在含有 4 件次品的 1 000 件产品中，任取 4 件（每次取 1 件，取后不放回），由于产品的数量相当大，且每次只抽取 1 件，所以可以将取后不放回近似看作取后放回，从而抽取 4 件产品可以近似看作是 4 次独立重复试验. 将抽取的次品数作为随机变量 ξ，则 $\xi \sim B(4,0.004)$.

可以证明，如果离散型随机变量 ξ 服从参数为 n 和 p 的二项分布，即 $\xi \sim B(n,p)$，则其均值与方差分别为

$$E(\xi)=np,\ D(\xi)=np(1-p).$$

习题 3.4

1. 口袋里有 4 个红球和 2 个白球，每次任取 1 个球，有放回的取 4 次，求恰好有 3 次取得红球的概率.

2. 已知事件 A 在一次试验中发生的概率为 0.7，求在 4 次独立重复试验中，事件 A 恰好发生 2 次的概率.

3．某气象站天气预报的准确率为 0.8，计算：

（1）5 次预报中恰有 4 次准确的概率；

（2）5 次预报中至少有 4 次准确的概率．（结果保留两位有效数字）

4．生产某种零件，出现次品的概率为 0.4，现要生产 4 件这种零件，求：

（1）其中恰有 1 件次品的概率；

（2）至多有 1 件次品的概率．（结果保留两位有效数字）

5．篮球运动员在比赛中每次罚球命中得 1 分，不中得 0 分．已知某运动员罚球命中的概率为 0.7，求他罚球 2 次得分 ξ 的概率分布．

6．某炮兵向同一个目标开了 3 炮，每次击中目标的概率均为 0.5，求击中目标的次数 ξ 的概率分布，并求出其均值与方差．

7．将一枚均匀的硬币投掷 6 次，求：

（1）恰好出现 2 次正面的概率；

（2）至少出现 5 次正面的概率；

（3）出现正面次数的均值；

（4）出现正面次数的方差．

3.5 正态分布

为考察某中学七年级男生的身高情况，从中抽取 50 名学生测量身高，结果如下（单位：cm）：

168，170，162，163，165，160，154，163，153，159，
150，158，159，156，164，163，164，156，162，165，
160，165，159，157，163，170，160，165，157，164，
155，156，153，164，165，162，167，152，161，162，
162，165，159，157，163，170，159，165，157，164．

根据这些数据绘制频率分布直方图．

设定分点数值时，分点数值不要与样本数据重合．

（1）在上述 50 个数据中，最大值为 170，最小值为 150，它们的差为 $170-150=20$．取组距为 3，确定分点，将数据分为 7 组，列出频率分布表，如表 3-16 所示．

表 3-16

分组	频数累计	频数	频率
[149.5 ,152.5)	丅	2	0.04

续表

分组	频数累计	频数	频率
[152.5,155.5)	正	4	0.08
[155.5,158.5)	正下	8	0.16
[158.5,161.5)	正正	9	0.18
[161.5,164.5)	正正正	15	0.3
[164.5,167.5)	正下	8	0.16
[167.5,170.5)	正	4	0.08
合计	50	50	1.00

（2）根据表 3-16，画出频率分布直方图，如图 3-3 所示.

图 3-3

由图 3-3 可以看出，该校中学七年级男生的身高分布状况具有“中间高、两头低”的特点，即身高在 161.5 cm 至 164.5 cm 的人数最多，越往左右两边，区间内的人数越少，且左右两边近似对称.

样本容量越大，所分组数会相应增多，频率分布直方图中的小矩形就越窄. 设想如果样本容量无限增大，且分组的组距无限缩小，那么频率分布直方图中所有的小矩形的上端会无限地接近于一条光滑曲线 $y=f(x)$，我们把这条曲线叫做概率密度曲线，如图 3-4 所示.

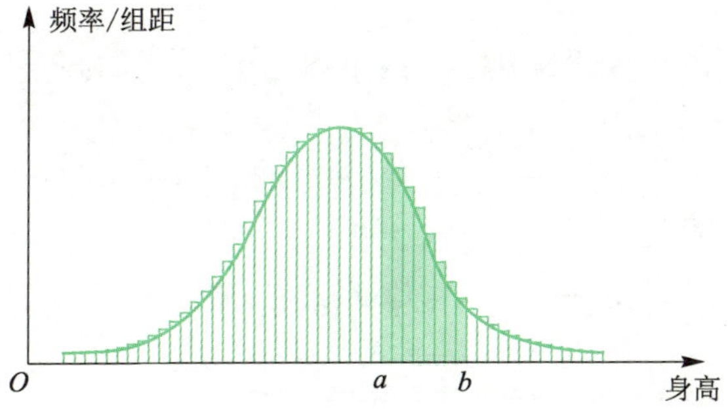

图 3-4

概率密度曲线精确地反映了随机变量ξ在各个范围内取值的规律，以这条曲线为图像的函数$y=f(x)$叫做随机变量ξ的概率密度函数.

可以证明，随机变量ξ在区间(a,b)内取值的概率$P(a<\xi<b)$恰好是图 3-4 中阴影部分图形的面积；随机变量ξ在区间$(-\infty,a)$取值的概率$P(\xi<a)$恰好是位于曲线与x轴之间、直线$x=a$左侧部分的图形，如图 3-4 所示.

一般地，如果随机变量ξ的概率密度函数为

$$f(x)=\frac{1}{\sqrt{2\pi}\sigma}e^{-\frac{(x-\mu)^2}{2\sigma^2}}\ (-\infty<x<+\infty),$$

其中，μ，σ为常数，且$\sigma>0$，则称ξ服从参数为μ，σ^2的正态分布，简记为$\xi\sim N(\mu,\ \sigma^2)$，此时$\xi$的密度曲线称为正态曲线，$\xi$称为正态随机变量.

观察图 3-5 可知，正态曲线具有以下性质：

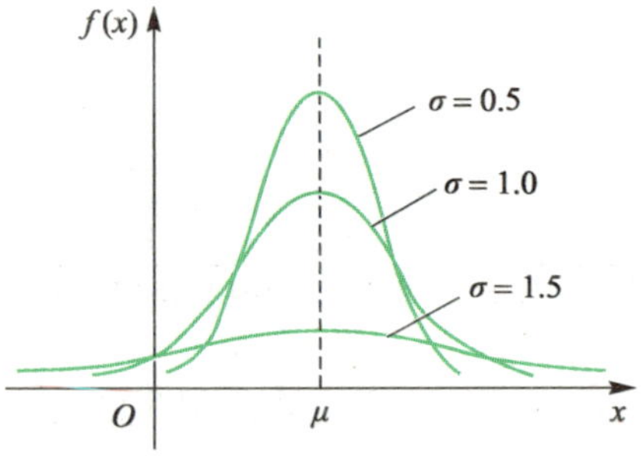

图 3-5

（1）曲线位于x轴的上方，且关于直线$x=\mu$对称；

（2）曲线在$x=\mu$时处于最高点，由这点向左、右两边延伸时，曲线逐渐降低，呈现“中间高、两头低”的形状；

（3）曲线形状由σ确定，σ越大，曲线越“矮胖”；σ越小，曲线越“高瘦”.

可以证明，在参数为μ，σ^2的正态分布中，μ为随机变量的均值，σ^2为随机变量的方差，σ为随机变量的标准差.

特别地，当$\mu=0$，$\sigma=1$时，随机变量ξ的概率密度函数为

$$\varphi(x)=\frac{1}{\sqrt{2\pi}}e^{-\frac{1}{2}x^2}\ (-\infty<x<+\infty),$$

这时，称随机变量ξ服从标准正态分布，简记为$\xi\sim N(0,1)$. 其相应的

曲线叫做**标准正态曲线**，如图 3-6 所示.

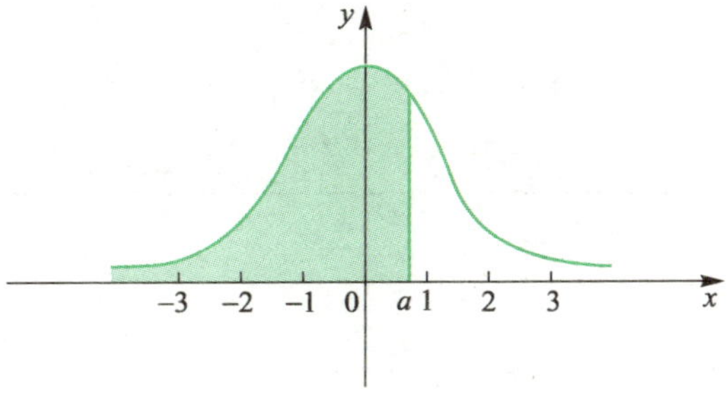

图 3-6

设随机变量 $\xi \sim N(0,1)$，由概率密度曲线的定义知道，任给区间 $(-\infty, a)$，概率 $P(\xi < a)$ 的值为图 3-6 中阴影部分的面积；任给区间 (a, b)，概率 $P(a < \xi < b)$ 的值为图 3-7 中阴影部分图形的面积，因此

$$P(a < \xi < b) = P(\xi < b) - P(\xi < a).$$

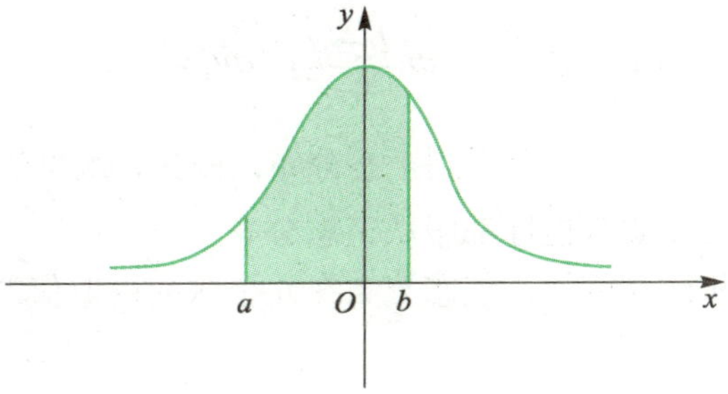

图 3-7

> **提示**
>
> 由概率密度曲线的定义可知，$P(a<\xi<b)$ 的值等于图 3-7 中阴影部分图形的面积，因此 $P(a<\xi<b)=P(a\leqslant\xi\leqslant b)=P(a\leqslant\xi<b)=P(a<\xi\leqslant b)=\Phi(b)-\Phi(a)$.

$P(\xi < x_0)$ 可以通过教材附录中“标准正态分布表”求出，表中与 x_0 相对应的值 $\Phi(x_0)$ 就是随机变量 ξ 小于 x_0 的概率，即

$$\Phi(x_0) = P(\xi < x_0).$$

因此，当随机变量 $\xi \sim N(0,1)$ 时，

$$P(a < \xi < b) = \Phi(b) - \Phi(a).$$

由图 3-6 可知，标准正态曲线是关于 y 轴对称的，因此在标准正态分布表中，只给出了非负值 x_0 的对应值 $\Phi(x_0)$. 在实际计算中，如果 $x_0 < 0$，那么由标准正态曲线的性质可知，图 3-8 中两个阴影部分的面积是相等的.

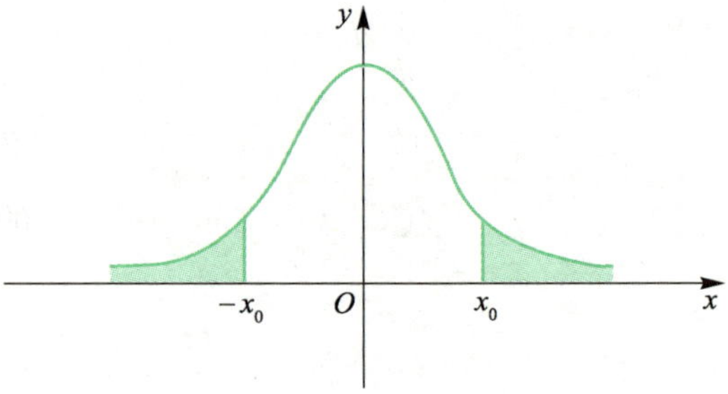

图 3-8

由此可知，

$$\Phi(-x_0)=1-\Phi(x_0).$$

可以证明，当$\xi\sim N(\mu,\ \sigma^2)$时，有

$$P(\xi<x)=\Phi(\frac{x-\mu}{\sigma}),$$

因此，

$$P(a<\xi<b)=\Phi(\frac{b-\mu}{\sigma})-\Phi(\frac{a-\mu}{\sigma}).$$

在实际问题中，经常会遇到正态分布．例如，测量的误差、炮弹的落点、产品的某项质量指标都服从正态分布．

经过推证和计算可知，正态分布在几个区间内取值的概率如图 3-9 所示．

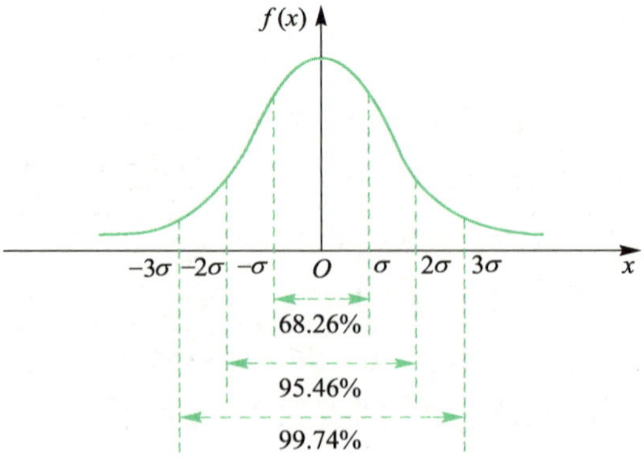

图 3-9

由图 3-9 可知，正态随机变量在区间$(\mu-2\sigma,\mu+2\sigma)$以外取值的概率小于 4.6%，在区间$(\mu-3\sigma,\mu+3\sigma)$以外取值的概率小于 0.3%．由于这些概率的值很小，通常称这类事件为**小概率事件**．一般认为，小概率事件在一次实验中几乎是不可能发生的．

由此可得企业管理中质量控制的主要原则“3σ 原则”. 根据 3σ 原则，产品的质量指标应落在上、下管理限 $\mu-3\sigma$ 和 $\mu+3\sigma$ 之间. 应用这个原则，可以通过抽样检查来判断生产过程是否出现异常.

例如，在工业生产中，如果工人在稳定状态下生产的零件直径尺寸 $\xi \sim N(\mu, \sigma^2)$，那么零件的直径尺寸在区间 $(\mu-3\sigma, \mu+3\sigma)$ 内取值的概率为 99.7%，而落在区间 $(\mu-3\sigma, \mu+3\sigma)$ 以外的概率只有 0.3%. 这种小概率事件一旦发生，就说明生产中可能出现了异常情况，应该停止生产，查明原因，并及时采取措施使生产恢复正常.

◈ 例题解析

例 1 已知 $\mu=1$，$\sigma=3$，求随机变量 ξ 取值小于 4 的概率.

解 因为 $\mu=1$，$\sigma=3$，所以

$$P(\xi<4)=\Phi\left(\frac{4-1}{3}\right)=\Phi(1)=0.8413.$$

例 2 已知随机变量 $\xi \sim N(0,1)$，求 $P(-1<\xi<0)$.

解
$$\begin{aligned}P(-1<\xi<0)&=\Phi(0)-\Phi(-1)\\&=\Phi(0)-[1-\Phi(1)]\\&=\Phi(0)+\Phi(1)-1\\&=0.5+0.8413-1\\&=0.3413.\end{aligned}$$

例 3 某厂加工一批零件，零件的直径 $\xi \sim N(40,4)$，单位：mm.

（1）求 $P(41<\xi<43)$；

（2）该厂某周加工该零件 5 000 个，求直径在 41～43 mm 之间的零件的大约个数.

解 （1）因为 $\mu=40$，$\sigma=2$，所以

$$\begin{aligned}P(41<\xi<43)&=\Phi\left(\frac{43-40}{2}\right)-\Phi\left(\frac{41-40}{2}\right)\\&=\Phi(1.5)-\Phi(0.5)\\&=0.9332-0.6915.\\&=0.2417.\end{aligned}$$

（2）由于加工零件的直径在 41～43 mm 之间的概率为 0.241 7，由概率的定义可知，零件的个数大约为

$$0.2417\times5000=1208.5\approx1209\text{(个)}.$$

例 4 某灯泡厂生产的白炽灯泡的寿命为 ξ（单位：小时），已知 $\xi \sim N(1000,30)$，要保证灯泡的平均寿命为 1 000 小时的概率不小于

99.7%，应将灯泡的寿命控制在多少小时以上？

解 已知$\xi \sim N(1000,30)$，而ξ在区间$(1000-3\times30, 1000+3\times30)$，即$(910,1090)$内取值的概率为99.7%，故应将灯泡的寿命控制在910小时以上.

习题 3.5

1. 某厂生产某种型号的零件，设零件的重量$\xi \sim N(64,9)$（单位：g），指出ξ的均值与方差.

2. 已知随机变量$\xi \sim N(0,1)$，利用标准正态分布表，求随机变量ξ在下列区间内取值的概率.

（1）$(-0.5,1.5)$；　　（2）$(-1.96,1.96)$.

3. 已知随机变量$\xi \sim N(3,9)$，利用标准正态分布表，求随机变量ξ在下列区间内取值的概率.

（1）$(3,4)$；　　（2）$(2,5)$.

4. 某批袋装大米的质量$\xi \sim N(10,0.01)$（单位：kg）. 任选一袋大米，它的质量在9.8 kg至10.2 kg之间的概率是多少？

5. 一批白炽灯泡的光通量$\xi \sim N(209,6.5^2)$，如果有这样一批灯泡1 0000个，试估计光通量在下列范围内的灯泡个数.

（1）$209-2\times6.5, 209+2\times6.5$；

（2）$209-3\times6.5, 209+3\times6.5$.

复习题 3

1. 填空题

（1）从参加乒乓球比赛的5名运动员中选出3名，并按排定的顺序出场比赛，有________种不同的方法.

（2）学校开设了6门选修课，要求每个学生从中选学3门，共有________种不同的选法.

（3）从8名男生和4名女生中，选出4名学生做运动会的服务人员，其中最多含2名女生的选法共有________种.

（4）在$(x^2-\frac{1}{2x})^6$的展开式中，第2项的二项式系数为________，系数为________.

（5）某射手射击一次击中目标的概率为 0.9，先射击 4 次，恰好击中 3 次的概率是__________.

（6）某随机变量 $\xi \sim B(1,0.5)$，其均值为_____，方差为_____.

（7）某随机变量 $\xi \sim N(20,9)$，其均值为_____，方差为_____.

（8）若 $\xi \sim N(3,6)$，且 $P(\xi \leqslant c) = P(\xi > c)$，则 c 的值为_____.

2．选择题

（1）从 6 名医生和 3 名护士中选出 3 名医生和 2 名护士分别参加 5 个不同的医疗队，不同的分配方法的种数为（　　）.

A．$C_6^3 C_3^2 A_5^5$　　B．$5C_6^3 C_3^2$

C．$A_6^3 A_3^2$　　D．$C_6^3 C_3^2$

（2）5 个身高不同的学生排成一排合影留念，最高个子站中间，从中间到左边和从中间到右边一个比一个矮，则这样的排法共有（　　）.

A．6 种　　B．8 种　　C．12 种　　D．16 种

（3）$\left(\dfrac{2}{\sqrt{x}} - \dfrac{\sqrt{x}}{6}\right)^6$ 展开式中的第 2 项是（　　）.

A．$-\dfrac{24}{x^2}$　　B．$-\dfrac{32}{x^2}$　　C．$\dfrac{15}{x}$　　D．$\dfrac{25}{64}x^2$

（4）$(x-\sqrt{3})^{10}$ 的展开式中，含 x^6 项的系数为（　　）.

A．$-27C_{10}^6$　　B．$27C_{10}^6$

C．$-9C_{10}^6$　　D．$9C_{10}^4$

（5）若离散型随机变量 ξ 的概率分布如表 3-17 所示.

表 3-17

ξ	0	1	2	3	4	5	6
P	0.16	0.22	0.24		0.10	0.06	0.01

则 $P(\xi = 3) =$（　　）.

A．0.17　　B．0.20　　C．0.21　　D．0.22

（6）如果随机变量 $\xi \sim N(3,1)$，则 $P(-1 < \xi \leqslant 1) =$（　　）.

A．$\Phi(-4) - \Phi(-2)$　　B．$\Phi(2) - \Phi(4)$

C．$\Phi(4) - \Phi(2)$　　D．$2\Phi(1) - 1$

3．某小组有 3 名女生、4 名男生，从中选出 3 名代表，要求至少女生与男生各有 1 名，共有多少种不同的选法？（要求用两种方法求解）

4．由 1，2，3，4，5 可以组成多少个没有重复数字的四位数？其中多少个数能够被 5 整除？

5．某车间生产的 100 件产品中，有 5 件是次品．现从中任取 3 件

检验，抽取方法是每次取一件后放回，求被检验的产品中的次品数为随机变量ξ的概率分布.

6. 设随机变量ξ的概率分布如表 3-18 所示.

表 3-18

ξ	1	2	3	4
P	$\frac{1}{3}$	$\frac{1}{4}$	m	$\frac{1}{12}$

（1）求m的值；

（2）求$E(\xi)$；

（3）求$D(\xi)$.

7. 一大批产品中，次品率为 0.1，从这批产品中任取 3 件进行检查，抽到的次品数ξ用表示，求：

（1）离散型随机变量ξ的概率分布；

（2）$P(\xi \geqslant 2)$.

8. 事件A在一次实验中发生的概率为 0.25，求 3 次独立重复试验中，事件A恰好发生 2 次的概率.

9. 已知随机变量$\xi \sim N(1,4)$，利用标准正态分布表，求：

（1）$P(0<\xi \leqslant 2)$；　　（2）$P(5<\xi<7)$；

（3）$P(\xi \geqslant 2.3)$.

趣味阅读

关于“玛丽莲问题”争论

“玛丽莲问题”是某电视台娱乐节目“决策”中提出的一系列问题，其中最著名的是“Behind Monty Hall's Doors”. 问题如下：台上有三个关闭的门，一个后边是汽车，其余两个后边是山羊. 主持人让参加者任意选择其中一个门，然后她打开其余两个门中的一个，参加者看到的是山羊. 这时，她让参加者可以重选，也就是说参加者可以换选另一个剩下的门，那么，参加者应该换还是不换？

玛丽莲的答案是应该换，但是很多读者不同意. 玛丽莲在下一期专栏给出一个事件列表说明她的道理，但反对声更多更大了. 在几千封读者来信中，反对者达九成，其中有全国健康机构的统计学家、国防情报中心的副主任，甚至著名的美籍匈牙利数学家保罗·埃尔笛希（Paul Erdos）也是反对者之一.

那么到底应该换，还是不换呢？先来考虑 3 个人通过抽签分一张演唱会票这一问题，3 个人按排定的顺序从分别写有“有票”“无票”“无票”的 3 个纸团中各抽一个来决定谁能得到演唱会票，每个人得票的概率是多少呢？

对每一个人来说，从 3 个纸团中任取一个，得票的概率是 $\frac{1}{3}$，为了求出第二个人得票的概率，我们来分析一下前两个人抽取纸团的情况. 从 3 个纸团中先后抽出 2 个，可以看作是从 3 个不同元素中任取两个元素进行排列，它的种数是 A_3^2，而其中第二个人得票的情况有 A_2^1，因此第一个人未得票，而第二个人得票的概率为 $\frac{A_2^1}{A_3^2}=\frac{1}{3}$.

通过类似的分析，可知第三个人得票的概率为 $\frac{A_2^2}{A_3^3}=\frac{1}{3}$.

由此看出，不管抽取纸团的次序如何，每个人得到演唱会票的概率都是 $\frac{1}{3}$.

“玛丽莲问题”也可看作是一个分票问题. 如果用写有“汽车”的纸团代表汽车，写有“山羊”的纸团代表山羊，三次决定可以看作三个人各抽取一个纸团，第一个决定是参加者提出的，相当于第一个人抽取一个纸团，得到汽车的概率是 $\frac{1}{3}$，第二个决定是主持人作出的，如果主持人是随机作出的决定，那么她得到汽车的概率也是 $\frac{1}{3}$，第三个决定仍是参加者作出的，如果他换选剩下的另一个门，就相当于第三个人抽取纸团. 由上面的分票结果可知，得到汽车的概率仍是 $\frac{1}{3}$，这样不论换与不换，得到汽车的概率相等.

但由前面可知，主持人的决定并不是随机的，她知道哪一个门后面有汽车，所以主持人打开的门后面总是山羊. 仍从分票问题角度考虑，这相当于第一个人抽取纸团后，第二个人抽取的总是写有“山羊”的纸团，即第一个人获得汽车的概率是$\frac{1}{3}$，第二个人获得汽车的概率是 0，第三个人获得汽车的概率是$1-\frac{1}{3}=\frac{2}{3}$，所以换选后，得到汽车的概率为$\frac{2}{3}$，参加者应该改变自己的选择.

附录Ⅰ　标准正态分布函数数值表

$$\Phi(x_0)=P(x<x_0)$$

x	0.00	0.01	0.02	0.03	0.04	0.05	0.06	0.07	0.08	0.09
0.0	0.500 0	0.504 0	0.508 0	0.512 0	0.516 0	0.519 9	0.523 9	0.527 9	0.531 9	0.535 9
0.1	0.539 8	0.543 8	0.547 8	0.551 7	0.555 7	0.559 6	0.563 6	0.567 5	0.571 4	0.575 3
0.2	0.579 3	0.583 2	0.587 1	0.591 0	0.594 8	0.598 7	0.602 6	0.606 4	0.610 3	0.614 1
0.3	0.617 9	0.621 7	0.625 5	0.629 3	0.633 1	0.636 8	0.640 6	0.644 3	0.648 0	0.651 7
0.4	0.655 4	0.659 1	0.662 8	0.666 4	0.670 0	0.673 6	0.677 2	0.680 8	0.684 4	0.687 9
0.5	0.691 5	0.695 0	0.698 5	0.701 9	0.705 4	0.708 8	0.712 3	0.715 7	0.719 0	0.722 4
0.6	0.725 7	0.729 1	0.732 4	0.735 7	0.738 9	0.742 2	0.745 4	0.748 6	0.751 7	0.754 9
0.7	0.758 0	0.761 1	0.764 2	0.767 3	0.770 3	0.773 4	0.776 4	0.779 4	0.782 3	0.785 2
0.8	0.788 1	0.791 0	0.793 9	0.796 7	0.799 5	0.802 3	0.805 1	0.807 8	0.810 6	0.813 3
0.9	0.815 9	0.818 6	0.821 2	0.823 8	0.826 4	0.828 9	0.831 5	0.834 0	0.836 5	0.838 9
1.0	0.841 3	0.843 8	0.846 1	0.848 5	0.850 8	0.853 1	0.855 4	0.857 7	0.859 9	0.862 1
1.1	0.864 3	0.866 5	0.868 6	0.870 8	0.872 9	0.874 9	0.877 0	0.879 0	0.881 0	0.883 0
1.2	0.884 9	0.886 9	0.888 8	0.890 7	0.892 5	0.894 4	0.896 2	0.898 0	0.899 7	0.901 5
1.3	0.903 2	0.904 9	0.906 6	0.908 2	0.909 9	0.911 5	0.913 1	0.914 7	0.916 2	0.917 7
1.4	0.919 2	0.920 7	0.922 2	0.923 6	0.925 1	0.926 5	0.927 9	0.929 2	0.930 6	0.931 9
1.5	0.933 2	0.934 5	0.935 7	0.937 0	0.938 2	0.939 4	0.940 6	0.941 8	0.943 0	0.944 1
1.6	0.945 2	0.946 3	0.947 4	0.948 4	0.949 5	0.950 5	0.951 5	0.952 5	0.953 5	0.954 5
1.7	0.955 4	0.956 4	0.957 3	0.958 2	0.959 1	0.959 9	0.960 8	0.961 6	0.962 5	0.963 3
1.8	0.964 1	0.964 8	0.965 6	0.966 4	0.967 1	0.967 8	0.968 6	0.969 3	0.970 0	0.970 6
1.9	0.971 3	0.971 9	0.972 6	0.973 2	0.973 8	0.974 4	0.975 0	0.975 6	0.976 2	0.976 7
2.0	0.977 2	0.977 8	0.978 3	0.978 8	0.979 3	0.979 8	0.980 3	0.980 8	0.981 2	0.981 7
2.1	0.982 1	0.982 6	0.983 0	0.983 4	0.983 8	0.984 2	0.984 6	0.985 0	0.985 4	0.985 7
2.2	0.986 1	0.986 4	0.986 8	0.987 1	0.987 4	0.987 8	0.988 1	0.988 4	0.988 7	0.989 0
2.3	0.989 3	0.989 6	0.989 8	0.990 1	0.990 4	0.990 6	0.990 9	0.991 1	0.991 3	0.991 6
2.4	0.991 8	0.992 0	0.992 2	0.992 5	0.992 7	0.992 9	0.993 1	0.993 2	0.993 4	0.993 6
2.5	0.993 8	0.994 0	0.994 1	0.994 3	0.994 5	0.994 6	0.994 8	0.994 9	0.995 1	0.995 2
2.6	0.995 3	0.995 5	0.995 6	0.995 7	0.995 9	0.996 0	0.996 1	0.996 2	0.996 3	0.996 4
2.7	0.996 5	0.996 6	0.996 7	0.996 8	0.996 9	0.997 0	0.997 1	0.997 2	0.997 3	0.997 4
2.8	0.997 4	0.997 5	0.997 6	0.997 7	0.997 7	0.997 8	0.997 9	0.997 9	0.998 0	0.998 1
2.9	0.998 1	0.998 2	0.998 2	0.998 3	0.998 4	0.998 4	0.998 5	0.998 5	0.998 6	0.998 6
3.0	0.998 7	0.999 0	0.999 3	0.999 5	0.999 7	0.999 8	0.999 8	0.999 9	0.999 9	1.000 0

注：本表最后一行自左至右依次为 $\Phi(3.0),\cdots,\Phi(3.9)$ 的值.